LEÇONS NORMALES

DE GÉOMÉTRIE

ÉLÉMENTAIRE

SOLUTIONS RAISONNÉES

DES

EXERCICES ET PROBLÈMES

LEÇONS NORMALES
DE GÉOMÉTRIE

ÉLÉMENTAIRE

THÉORIQUE ET APPLIQUÉE

A L'USAGE DES DIVERS ÉTABLISSEMENTS D'INSTRUCTION PUBLIQUE

PAR

D. PUILLE (d'Amiens)

PROFESSEUR DE SCIENCES PHYSIQUES ET DE MATHÉMATIQUES
Auteur de plusieurs Ouvrages classiques

SOLUTIONS RAISONNÉES

DES

EXERCICES ET PROBLÈMES

PARIS

LIBRAIRIE ÉLÉMENTAIRE ET CLASSIQUE

DE CH. FOURAUT

47, RUE SAINT-ANDRÉ-DES-ARTS, 47

1857

AVERTISSEMENT

PLAN DE L'OUVRAGE

Ce volume n'est pas un simple livre de *Solutions raisonnées* des Exercices et Problèmes contenus dans nos *Leçons normales de Géométrie* ; il offre, en outre, certains développements qui, dans leur ensemble, forment le COMPLÉMENT de l'ouvrage avec lequel il est en concordance directe.

Nous avons donné des *notions générales* sur la *perspective*, sur la *lumière*, les *ombres* et les *traits de force*, — les *projections*, — la *coupe des pierres*, — la *trigonométrie rectiligne*, — les *courbes régulières*, — les *usages du compas de proportion*, — la *théorie des transversales rectilignes*, — la *résolution des problèmes géométriques*, — l'*application de l'algèbre à la géométrie*.

Nous avons présenté l'*explication de toutes les formules* contenues dans la Géométrie, et aussi de quelques autres non moins importantes. Un chapitre est consacré au *développement et à la construction des polyèdres*. Enfin, pour terminer convenablement et être agréable à plusieurs professeurs et instituteurs qui ont adopté nos principes, nous avons joint à l'ouvrage un Précis de Gnomonique ou tracé des *Cadrans solaires*, à l'aide duquel on peut construire, avec la plus grande facilité, un cadran équinoxial supérieur et inférieur, un cadran horizontal, — oriental, — occidental. Nous avons également indiqué le tracé du cadran vertical et celui des cadrans verticaux déclinants ; enfin, nous avons parlé du cadran à canon, et terminé cet article par la table de la hauteur du pôle ou longueur des latitudes pour un certain nombre de villes de France et de l'Étranger.

Nos *Leçons normales de Géométrie*, que nous allons remettre sous presse, *ont été revues* par nous *avec un soin extrême* et augmentées de plusieurs articles d'un grand intérêt; nous avons relevé quelques erreurs qui s'étaient glissées dans notre ouvrage par suite d'un peu de précipitation, et modifié notre plan sous l'influence des précieuses communications de nos amis. Il nous est donc permis d'espérer que la *nouvelle édition de notre Géométrie* sera favorablement accueillie, et qu'elle conservera, sur les ouvrages du même genre, la supériorité qui lui a été reconnue par un grand nombre de professeurs et par divers chefs d'établissements.

Le TRAITÉ COMPLET DE LA DIVISION DES CHAMPS ou la *Géodésie usuelle* est en ce moment sous presse; nous pouvons donc assurer que ce livre (attendu avec impatience depuis deux ans) sera en vente vers les premiers jours de Janvier 1857. Nous pensons qu'il rendra tous les services qu'on peut attendre d'un travail rédigé sur un *plan tout particulier*; et l'importance attachée par nous à la *clarté* et à la *simplicité des principes que nous avons présentés* nous fait espérer, pour ce nouvel ouvrage, un accueil bienveillant, et peut-être pourrons-nous, une fois de plus, reconnaître que nous avons été utile à un certain nombre de lecteurs : c'est là que se borne d'ailleurs toute notre ambition.

D. PUILLE (*d'Amiens*).

LEÇONS NORMALES
DE GÉOMÉTRIE
ÉLÉMENTAIRE
THÉORIQUE ET APPLIQUÉE.

PREMIÈRE PARTIE.

SOLUTIONS RAISONNÉES DES EXERCICES ET DES PROBLÈMES DE GÉOMÉTRIE.

Exercices et Problèmes relatifs au chapitre II.

N° 1.

1. Pour tracer une ligne sur le papier, on fait usage d'une règle mince bien dressée; on place la règle contre les deux points qui déterminent la direction de la ligne; puis, au moyen d'une pointe marquante, on tire la ligne en faisant glisser cette pointe le long du bord de la règle, en ayant soin de la tenir constamment dans la même position sur toute l'étendue de la ligne que l'on trace.

Lorsqu'on veut tracer une ligne droite sur un mur, sur une planche ou sur une surface plane, on enduit de couleur une ficelle; on la tend sur les deux points qui déterminent sa direction, puis on pince en la soulevant : si on lâche cette corde, elle frappe la surface sur laquelle on l'a tendue, et elle laisse une trace de la couleur dont on l'a enduite.

Sur le terrain, on emploie des jalons que l'on place aux deux extrémités de la ligne et dans l'intervalle des deux premiers jalons. Par cette opération, *on jalonne une ligne* ou on prend *un alignement.*

2. Sur le papier, on mesure une ligne droite avec un compas; on ouvre ce compas de manière à faire arriver les deux pointes de l'instrument sur les extrémités de la ligne; puis, on porte l'ouverture sur un mètre divisé : on trouve alors la longueur de la ligne en décimètres, centimètres et millimètres. Si l'on désire obtenir les fractions plus petites que les millimètres, on fait usage du mètre surmonté d'un vernier qui donne les dixièmes de millimètres.

Quand on mesure une ligne sur le terrain, on emploie la chaîne métrique; mais alors, pour mesurer, il faut être deux.

3. On commence par tracer une ligne droite indéfinie; puis, au moyen du compas, on porte successivement sur la ligne les longueurs à la suite l'une de l'autre. Sur le terrain, on jalonne une ligne, et avec le décamètre on prend la longueur totale des longueurs données, que l'on reporte sur la ligne jalonnée.

4. Après avoir tracé la plus grande longueur, on porte la plus petite sur la première, puis on prend, à l'aide d'un compas ou d'un double décimètre, l'excédant de la première sur la seconde; on obtient alors la différence demandée.

5. Si l'on prend le rapport d'Archimède (Géom., 45), on trouve $22,50 \times \frac{7}{22} = 70,71$, c'est-à-dire 70 mètres 71 centimètres. En prenant le rapport de Métius, on obtient la longueur de la circonférence en multipliant 22 par $\frac{355}{113}$, ce qui donne $22 \times \frac{355}{113} = 70,68$.

Ordinairement on prend le rapport 3,1416, qui est celui $\frac{355}{113}$ réduit en nombre décimal; il est plus commode pour le calcul: on aura donc le résultat demandé en multipliant 22,50 par 3,1416, ce qui donne 70,686 ou 70 mètres 686 millimètres.

6. Pour trouver le complément d'un angle de 27 degrés, on retranche 27 de 90; la différence 63 exprime la valeur de l'angle demandé. On trouvera le supplément de l'angle de 27 degrés en retranchant 27 de 180 : on aura alors 153 pour le supplément demandé.

7. Je retranche 96 degrés 28 minutes (96° 28′) de 180 degrés; j'obtiens $180° - 96° 28′ = 83° 32′$.

8. Je tire une ligne droite du premier au second point; puis j'élève sur le milieu de cette ligne une perpendiculaire. D'après le thé. XXV, chap. II; chacun des points de cette perpendiculaire est à égale distance des deux extrémités de la ligne qui joint les deux points donnés.

9. On tire d'abord une ligne indéfinie; puis on trace d'un point quelconque, pris comme centre sur cette ligne, une demi-circonférence sur cette ligne. D'un même rayon, et de chacun des sommets de chaque angle donné, on trace un arc de cercle dans ces angles, et l'on porte successivement, à partir de la ligne, et sur la circonférence, toutes les longueurs des arcs interceptés par les côtés de chaque angle : on obtient alors un point déterminé de la demi-circonférence. On tire une ligne allant du centre sur la demi-circonférence et aboutissant au point trouvé sur cette demi-circonférence, et l'on a alors le second côté de l'angle demandé.

10. Du sommet du plus grand angle, je tire un arc de cercle entre les deux côtés; du sommet du plus petit angle je tire aussi un arc de cercle entre les deux rayons. Je reporte la grandeur de l'arc compris entre les deux côtés du petit angle, sur l'arc compris entre les deux côtés du plus grand angle : j'obtiens un point par lequel je tire une ligne droite partant du sommet du plus grand angle, et je forme le plus petit angle dans le plus grand : la différence des deux angles se mesure sur l'arc compris entre les deux côtés du plus grand angle.

11. On commence par diviser l'angle proposé en deux parties égales, d'après le procédé que nous avons donné dans le problème des applications raisonnées; on divise chacune des parties obtenues en deux autres parties égales, lesquelles étant divisées en deux parties égales donnent les huit parties demandées.

12. Le plus grand des deux angles est égal au plus petit joint à la différence. Si nous représentons par x le plus petit angle, le plus grand égalera $x + 16° 17'$, et la somme des deux angles sera $x + x + 19° 11'$. Mais nous savons que le total est $51° 45'$; on a donc l'égalité $x + x + 19° 11' = 51° 45'$. Retranchant la différence dans chacun des membres de cette égalité, on trouve $x + x = 51° 45 - 19° 11'$, ou en réduisant $2x = 32° 34'$, d'où l'on tire $x = \frac{32° 34}{2}$ ou $16° 17'$. Le plus petit angle étant $16° 17'$, le plus grand égalera $16° 17' + 19° 11'$ ou $35° 28'$.

13. Nous savons que 90 degrés valent 100 grades ou que 9 degrés font 10 grades; d'où l'on tire 1 degré égale $\frac{10}{9}$ de grade. Réciproquement, 100 grades valant 90 degrés et 10 grades valant 9 degrés, on tire 1 grade égale $\frac{9}{10}$ de degré.

D'après cela, il est facile de former un rapport au moyen duquel on pourra convertir un certain nombre de degrés en grades ou un certain nombre de grades en degrés.

Je convertis en grades l'angle de 57° 16′ en multipliant ce nombre par $\frac{10}{9}$. Pour cela, je réduis d'abord 57° 16′ en nombre décimal en divisant 16′ par 60′, valeur du degré réduit en minute (voir notre Cours d'Arithmétique, n. 54); j'obtiens 57° $\frac{16}{60}$ ou 57° 266, qui multiplié par $\frac{10}{9}$ donne 63 grades, 63.

Je convertis l'angle de 65 grades 271 en degrés en multipliant ce nombre par $\frac{9}{10}$; j'obtiens 58° 74′ par la réduction des fractions décimales de degrés en minutes.

14. La somme des deux angles adjacents proposés étant (83° 2′ + 96° 58′) ou 180 degrés, il est évident que les bissectrices qui partagent chacun de ces angles en deux parties égales feront entre elles un angle de $\frac{180}{2} = 90°$ ou un angle droit.

15. On commence par décrire une circonférence ayant 7 mètres de rayon, en prenant le point A pour centre (*fig* 1); puis on trace une circonférence de 11 mètres de rayon en prenant B pour centre : les deux circonférences se coupent en deux points M, P. Ainsi, le point P considéré sur la première circonférence sera à 7 mètres du point A, et considéré sur la seconde circonférence, il sera à 11 mètres du point B; il en sera absolument de même du point M. Nous pouvons voir que le problème admet deux solutions; on prendra celle du point P si le point demandé doit être au delà de la ligne droite AB; enfin, on prendra celle du point M si le point demandé doit être en deçà de AB. Néanmoins, on pourra prendre l'un quelconque des points, si aucune des conditions n'est imposée.

16. Soient O la circonférence donnée et S la ligne à inscrire (*fig.* 2). Du point P, pris arbitrairement comme centre sur la circonférence, et avec un rayon égal à la ligne S, je décris une circonférence qui coupe la première aux deux points M et N; je joins PM et PN, et chaque corde satisfait à l'énoncé. En effet, par construction, on a PM = PN = S.

Pour que le problème soit possible, il faut que la ligne donnée soit plus petite ou au plus égale au diamètre du cercle ; dans le cas contraire, la question est insoluble.

17. Soient P et R les deux points donnés, et soit LT la ligne droite (*fig.* 3). De l'un des points P, j'abaisse une perpendiculaire PA que je prolonge de A en B, d'une longueur égale à la distance PA ; je joins B avec le second point donné au moyen d'une droite BR : cette droite rencontre la ligne LT au point S, qui est celui demandé. En menant la ligne droite PS, on a l'angle PSA égal à l'angle RST. En effet, les deux obliques égales PS et SB déterminent, avec la ligne perpendiculaire SA, les deux angles égaux PSA et BSA ; mais comme BSA = RST (comme angle opposé au sommet) l'angle PSA = RST.

18. Soient les deux droites convergentes AB, CB (*fig.* 4). D'un point pris arbitrairement sur chacune des lignes données, j'élève les perpendiculaires GH, EF, la première de 3 mètres et la seconde de 7 mètres ; par les points H et F, je mène des parallèles respectives aux lignes CB et AB : ces parallèles se rencontrent au point P, qui répond à la question, car en tirant du point P les lignes PN et PM respectivement perpendiculaires à CB et à AB, on a PN = HG et PM = FE.

19. On trace d'abord la corde de l'arc donné, puis on en prend la longueur que l'on porte deux fois ou trois fois sur la circonférence.

20. Soit O le cercle proposé, et P le point situé dans ce cercle (*fig.* 5). Je mène une droite du point P au centre du cercle, puis au point P j'élève une perpendiculaire, qui, étant prolongée, devient la corde demandée, et le point P est situé à égale distance des extrémités de cette corde.

21. Avec une ouverture de compas égale à la distance déterminée, et du point donné pris comme centre, on décrit une circonférence : tous les points de cette circonférence satisfont à la question.

Remarque. — On nomme *problème indéterminé* toute question qui admet un certain nombre de solutions, comme celle qui vient de nous occuper. La ligne qui renferme tous les points qui satisfont à un problème indéterminé, est appelée *lieu géomé-trique* : ici la circonférence est le lieu géom. du point cherché.

22. Je joins les deux centres par une droite et j'élève une perpendiculaire sur le milieu de cette droite ; cette dernière ligne est le lieu géométrique demandé.

23. Soient AB et CD les deux droites proposées (*fig.* 6). D'un point F pris arbitrairement sur une des droites, je mène une parallèle FE à la ligne CD, et au moyen du graphomètre je mesure l'angle BFE, qui est égal à l'angle inconnu comme correspondant.

24. Pour cela, on fait usage de l'instrument connu sous le nom de fausse équerre ; on le place de manière que l'une des arêtes intérieures se confonde avec l'arête d'un des murs, et qu'en même temps l'autre arête intérieure couvre l'arête de l'autre mur. On place ensuite la fausse équerre sur la face de la pierre, de manière qu'une des arêtes intérieures couvre une arête de la pierre, et au moyen d'une pointe marquante, on tire une droite le long de l'autre arête intérieure : on aura alors l'angle proposé, car il sera déterminé par la ligne tracée et le bord de la pierre.

25. Soient AB la ligne donnée et C le point de tangence ; soit D le second point où doit passer la circonférence (*fig.* 7). Du point C pris sur la ligne, je mène une perpendiculaire CE ; je joins CD, et sur le milieu de CD, j'élève une perpendiculaire qui coupe CE au point O : le point O est le centre de la circonférence demandée.

Cela est évident, car toute perpendiculaire à une corde et à une tangente passe par le centre.

26. Soient O la circonférence donnée et P le point proposé (*fig.* 8). Du point P je tire une sécante que je mène jusqu'au centre du cercle : la ligne extérieure PS est la plus courte distance demandée, car si l'on tire une autre ligne PR, cette dernière fait avec le rayon RO la ligne brisée ORP plus grande que la ligne droite PO ; et comme le rayon RO, compris dans la ligne brisée ORP, égale le rayon SO compris dans la ligne droite PO, on en conclut que PR est plus grand que PS : d'où l'on voit que PS est la plus courte distance du point P à la circonférence O.

27. Soient O la circonférence et P le point dont il est question (*fig.* 8). Du point donné P je mène une ligne droite passant par le centre O et prolongée jusqu'à la circonférence : le point M est le point demandé.

28. Soient B le point donné sur la circonférence A, et C le point extérieur (*fig.* 9). Du point B je mène le rayon BA, et du point B je mène la droite BC au point extérieur ; j'élève une perpendiculaire au milieu de la ligne BC ; cette ligne, avec le rayon AB prolongé, détermine le centre D, qui est celui de la circonférence, laquelle passe par les deux points donnés B et C.

29. Soient AB et CD les deux côtés de l'angle à diviser (*fig.* 10). Sur le côté AB je prends à volonté un point M, et je mène une perpendiculaire à ce point ; sur le côté CD je prends aussi un point N, et je mène une perpendiculaire à ce point ; enfin, sur chacune des perpendiculaires, je porte une longueur égale de M en I et de N en S. Par le point I, je mène une parallèle au côté AB, et par le point S, je mène une parallèle au côté CD : ces deux parallèles se coupent au point O en déterminant l'angle ROV égal au proposé. Il ne reste plus qu'à partager cet angle en deux parties égales d'après le procédé que nous avons indiqué Géom., pag. 68, pour tirer ensuite la ligne OG.

30. Soient AB, CD les deux parallèles entre lesquelles doit être construite la cymaise (*fig.* 11), et soient R, S les deux points respectivement situés sur chacune des parallèles. Je joins par une ligne droite les deux points SR ; je prends la moitié de cette ligne, puis la moitié de chacune des parties de la première division : je trouve les deux points M et N, et j'élève à ces points des perpendiculaires alternés relativement à la ligne SR, et aux points R et S, j'élève aussi une perpendiculaire qui coupe respectivement les précédentes aux points E et G ; ces deux points sont les centres des arcs de la cymaise demandée.

31. Je prends le quart de 148° 46′ : je trouve 37° 11′ 30″ pour la valeur demandée.

32. Nous supposons la terre d'une forme sphérique parfaite. En divisant 40000000 par le rapport 3,1416, nous trouverons le diamètre dont la moitié égale le rayon demandé. On peut aussi diviser 40000000 par le double de 3,1416 ou 6,2832, pour obtenir directement 6366482 mètres, qui est la longueur du rayon du globe terrestre.

33. Soient les droites AB, CD, EF (fig. 12). Je mène les bissectrices de chacun des angles m, n, p : elles déterminent le centre O de la circonférence demandée.

34. On tire MN (*fig.* 13) égale à la largeur, puis on élève une perpendiculaire au milieu de MN ; on prend AB égale à la hauteur du cintre, et des points M, A on décrit, avec AM pour rayon, deux arcs qui se coupent en un point C. On joint C aux points M, A, et l'on rapporte la distance AB sur AC de A en I, au moyen d'un arc de cercle décrit du point A ; on joint B à I, et l'on prolonge la droite BI jusqu'au point F de la ligne MC. Enfin, par le point d'intersection F on mène FD parallèle à AC. On a EF=EM, car AC=AM ; on a aussi DF=DB, car AI=AB.

Du point E on décrit l'arc MF, et du point D l'arc FB : ces deux arcs se raccorderont ou se toucheront en F, car la distance ED de leurs centres est égale à la différence de leurs rayons DF, EF.

On rapporte AE de A en G, au moyen d'un arc qui a pour centre le point A ; avec GN on décrit du point G, un arc sensiblement plus grand que l'arc MF, et l'on continue l'arc FB jusqu'à ce qu'il soit touché intérieurement en H par l'arc HN. Les trois centres du cintre MFBHN demandé sont E, D, G.

35. Soit à déterminer la distance du point M au point N, malgré l'obstacle $p s$ (fig. 14). Au moyen de l'équerre d'arpenteur, on abaisse en M une perpendiculaire MO d'une longueur arbitraire ; sur la ligne MO, on abaisse en un point quelconque la perpendiculaire RT, en dehors de la largeur de l'obstacle ; enfin, sur RT on abaisse une perpendiculaire VN qui passe en N : la ligne RV égalant MN, il n'y a plus qu'à mesurer à la chaîne cette ligne RV, pour avoir la distance demandée.

REMARQUE. — Si l'on veut connaître la longueur $p s$, on mesure les longurs Mp et sN, puis on retranche la somme de ces deux longueurs de la longueur de RV = MN : le résultat donne la longueur $p s$.

36. Du centre du cercle donné, on mène une ligne droite qui fait avec la droite des deux points donnés un angle égal à l'angle donné ; puis, par le même centre, on élève une perpendiculaire à cette droite : le point de rencontre de cette perpendiculaire et de la perpendiculaire élevée sur le milieu de la distanc des deux points, est le centre du cercle demandé.

37. On mène le rayon du point donné et l'on prolonge indéfiniment ce rayon. Par le même point, on mène une tangente au cercle de manière à couper la droite donnée sous un certain angle : la rencontre du rayon prolongé et de la bissectrice de cet angle déterminera le centre du cercle demandé.

38. Considérons les trois points A, B, C (fig. 15), et soit P d'où on peut apercevoir les points A, B, C sous les angles a et b. On joint AB et BC, et l'on considère ces lignes comme des cordes. Enfin, sur les lignes AB et BC, on décrit deux segments respectivement capables des angles mesurés a, b : l'intersection des circonférences détermine le point demandé, car les deux angles ont pour sommet le point P et sont appuyés sur les cordes AB et BC : ils sont donc par construction égaux aux deux angles mesurés.

39. La question revient à déterminer le diamètre d'un cercle de 16 mètres 25 de circonférence. En divisant 16,25 par 3,1416, on trouve 5 mètres 17 pour la longueur demandée.

40. Il s'agit de déterminer trois points sur l'arc de circonférence formée par les constructions qui limitent en partie le plan circulaire, afin de retrouver le centre du cercle. Ensuite, au moyen de la chaîne ou d'un cordéau, il sera facile de déterminer les différents points de l'alignement dont il est question.

Exercices et Problèmes relatifs au Chapitre III.

N° 2.

1. Je fais la somme de 16° 28′ et 37° 19′ ; je trouve 53° 47′ ; je retranche 53° 47′ de la valeur de deux angles droits ou de 180° : j'obtiens enfin 126° 13′ pour la valeur du troisième angle.

2. Soient M la base du triangle et N l'angle du sommet (*fig.* 16). Je tire la droite indéfinie AB ; puis à un point quelconque C, je construis l'angle ACD égal à l'angle donné N : il me reste comme supplément l'angle DCB que je divise en deux parties égales, au moyen de la droite indéfinie CG qui détermine l'angle GCB égal aux angles de la base du triangle demandé. Du point C, je porte sur AB la longueur CF = M, et au point F je construis un angle CFG égal à GCF : je forme alors le triangle isocèle CGF demandé.

3. D'après le théorème XX, chap. II, il est évident que la circonférence sera le lieu géométrique de tous les triangles inscrits qui auront pour base le diamètre de cette circonférence.

4. Soient R la longueur égale à chacune des diagonales et S la grandeur de l'angle déterminé par la rencontre de ces diagonales (*fig.* 17). Je tire deux lignes droites indéfinies qui se coupent en un point O, en déterminant un angle égal à l'angle S ; je prends la moitié de la diagonale que je porte de O en A, de O en B, de O en D, de O en C ; enfin, je tire les lignes AC, CD, DB, BA, et je forme le rectangle ABDC demandé.

5. Nous savons que la somme des trois angles d'un triangle égale deux angles droits ou 180 degrés ; si nous retranchons 46 de 180, il reste 134 pour la valeur des deux angles de la base : donc un seul angle de la base égalera $\frac{134}{2}$ ou 67 degrés.

6. Considérant l'hypoténuse comme un diamètre, je décris une demi-circonférence ; je porte sur cette demi-circonférence, et à partir d'une des extrémités du diamètre, une corde égale au côté donné, puis je tire le troisième côté du triangle demandé.

7. Soient M la diagonale et N le côté (*fig.* 18). Je tire une droite indéfinie AS, et sur cette ligne je porte la longueur du côté N, de A en B. J'élève aux points A et B des perpendiculaires indéfinies AT, BR ; et du point A, comme centre, avec une ouverture de compas égale à la diagonale M, je coupe la ligne BR du point C ; enfin, au point C, je mène la perpendiculaire CD qui ferme le rectangle, et je tire les deux diagonales AC, BD : la figure ABCD est le rectangle demandé.

8. Un polygone de 15 côtés est égal à autant de triangles qu'il a de côtés, moins deux, c'est-à-dire à 13 triangles. Comme les trois angles d'un triangle valent deux angles droits, les 13 triangles contenus dans le polygone valent 13 fois 2 ou 26 angles droits ou $26 \times 90 = 2340°$: d'où l'on voit que l'angle du polygone de 15 côtés vaudra $\frac{2340}{15} = 156°$.

9. Du périmètre 12 centimètres, je retranche la longueur de la base ou 30 millimètres ; je trouve $(120 - 30) = 90$ millimètres pour la somme des deux côtés égaux. La moitié de 90 ou 45 exprime la longueur d'un côté. Pour construire le triangle, on suit exactement le procédé que nous avons indiqué dans le deuxième problème, page 101.

10. Nous savons que la somme de tous les angles au centre d'une circonférence égale 360 degrés ; donc, en divisant 360 par 30, on trouve 12 pour quotient, c'est-à-dire que le polygone a 12 côtés : c'est un décagone régulier.

11. La valeur de l'angle au centre d'un polygone de 20 côtés s'obtient en divisant 360 par 20 : le quotient 18 indique la valeur de l'angle demandé, c'est-à-dire 18 degrés.

12. Dans le carrelage avec des triangles équilatéraux, les sommets des angles qui se réunissent en un point commun, couvrent un plan qui vaut quatre angles droits ou 360 degrés ; or, l'angle du triangle équilatéral vaut le tiers de deux angles droits ou les deux tiers d'un angle droit, ou $\frac{1}{6}$ de $360 = 60$ degrés : d'où l'on voit qu'à chaque point d'un plan carrelé avec des triangles équilatéraux aboutissent six sommets (ou 6 fois 60°) de ces triangles, et qu'il faut assembler ces carreaux six par six. Avec des carrés on peut encore couvrir une surface, car l'angle du carré égalant 90 degrés, il faudra quatre de ces carrés pour avoir 360 degrés. Enfin, on peut employer des hexagones, car l'angle de cette figure valant 120 degrés égale naturellement le tiers de quatre angles droits : d'où l'on conclut qu'il faut assembler les hexagones trois par trois pour couvrir un plan.

13. Sur l'arc donné, on prend trois points à volonté ; on joint ces points par des droites, et sur le milieu de chacune d'elles, on élève une perpendiculaire : ces deux dernières lignes se coupent en un point qui est le centre de l'arc proposé.

14. 1° Les diagonales d'un rectagle sont égales, car on peut retourner ce rectangle et l'appliquer ainsi retourné sur lui-même, ce qui fait coïncider les diagonales.

1.

2° Dans les losanges, les diagonales sont perpendiculaires entre elles et se coupent mutuellement à angles droits; car l'une des diagonales a ses extrémités équidistantes des extrémités de l'autre : donc la première est perpendiculaire sur la seconde, et ces deux diagonales se coupent en parties égales.

3° Dans un carré, les diagonales sont égales et perpendiculaires entre elles, car un carré est à la fois un rectangle et une losange.

15. On commence par déterminer le centre du cercle, en prenant trois sommets successifs et en suivant le procédé qui résulte du thé. XXVII, page 51. On mène ensuite l'apothème que l'on prend pour le rayon du cercle demandé.

16. Je divise 360 par 16, et je trouve 22 degrés 30 minutes pour la valeur de l'angle au centre du polygone régulier de 16 côtés.

17. Les octogones et les carrés peuvent être employés ensemble, car dans cette combinaison deux angles de l'octogone et un angle du carré se réunissent en un même point, et l'on a par conséquent $(135 + 135) + 90 = 360$ degrés. Les hexagones et les triangles équilatéraux peuvent être combinés ensemble, puisque deux angles d'hexagone valant chacun 120 degrés et deux angles de triangles équilatéraux valant chacun 60 degrés forment $120 + 120 + 60 + 60 = 360$ degrés. Enfin, on combine souvent des dodécagones avec des triangles équilatéraux, parce que deux angles de dodécagones font $(150 + 150)$ ou 300 degrés, plus un angle de triangle équilatéral de 60 degrés, font 360 degrés.

18. Comme la longueur des côtés n'est pas donnée, je commence par décrire une demi-circonférence sur une ligne AB prise arbitrairement; je tire la corde MN parallèle à la ligne AB (*fig.* 19) et je tire AM et BN.

19. On considère les trois sommes du triangle commé trois points qui déterminent une circonférence. J'élève une perpendiculaire sur le milieu de deux côtés du triangle : ces perpendiculaires se coupent en un point qui est le centre; de ce point je trace la circonférence en prenant pour rayon la distance de ce même centre à l'un des sommets du triangle.

20. Pour construire le polygone régulier, il suffit de mener des tangentes par les sommets du polygone proposé : ces tangentes se coupant deux à deux détermineront le polygone demandé.

21. Le polygone de 17 côtés peut être divisé en 17 — 2 ou 15 triangles; et comme les angles de chacun des triangles valent deux angles droits, il est facile de conclure que la valeur des angles de ce polygone sera 15 fois 2 angles droits ou 30 angles droits.

22. Le polygone proposé égalant 32 angles droits, on peut le diviser en $\frac{32}{2}$ ou 16 triangles (puisque les angles de chacun d'eux égalent 2 angles droits). Comme un polygone quelconque peut être décomposé en autant de triangles qu'il a de côtés, moins 2, le polygone proposé a 16 + 2 ou 18 côtés.

23. Pour obtenir un polygone régulier inscrit et d'un nombre double de côtés, on partage en deux parties égales chacun des arcs compris entre les points de division consécutifs, et par les nouveaux points de division, conjointement avec les anciens, on mène des cordes qui forment les côtés du polygone demandé.

24. Le polygone peut avoir un nombre pair ou impair de côtés; quand le polygone a un nombre pair de côtés, on joint par une droite les sommets des deux angles opposés, puis par une seconde droite on joint les sommets de deux autres angles opposés : l'intersection des deux droites détermine le centre du polygone.

Lorsque le polygone a un nombre impair de côtés, on joint par une droite le sommet d'un angle avec le milieu du côté opposé : l'intersection des deux droites est le centre du polygone.

25. On obtient la valeur de l'angle ou centre d'un polygone en divisant la valeur de tous les angles situés autour d'un point ou 4 droits, ou encore 360 par le nombre des côtés du polygone; on aura donc $\frac{360}{9} = 40$, c'est-à-dire 40 degrés.

26. On mène une tangente par le milieu de l'arc du secteur; cette tangente formera avec les rayons prolongés un triangle isocèle; il ne reste plus qu'à inscrire le cercle dans le triangle pour résoudre la question.

27. Il n'est pas possible de recouvrir une surface avec des polygones réguliers de cinq côtés, car l'angle de ce polygone vaut 2 ($\frac{8-2}{8}$) ou $\frac{6}{8}$ d'angle droit (n° 91 GÉOMÉTRIE), qui n'est pas un sous-multiple de quatre angles droits.

28. Soit le carré ABCD (*fig.* 20). Je tire les diagonales du carré et je détermine le point O. Du point O je mène l'apothème OR, et avec une ouverture de compas égale à OR, je décris une circonférence inscrite ; je mène les tangentes MN, OP, ST, etc., et je détermine l'octogone régulier MNOPSTVXM.

Ce procédé est exact, car en menant des lignes du centre aux sommets de l'octogone, ainsi que les apothèmes du carré, on divise le polygone en 16 triangles rectangles égaux aux deux triangles OTR, OTL. Ces deux derniers triangles sont égaux entre eux, car ils ont l'hypoténuse OT commune et un côté égal : donc, de l'égalité de l'angle O commun à tous les angles, et des côtés égaux (hypoténuse et apothème), il est facile de tirer l'égalité de tous les côtés de l'octogone.

29. Pour trouver le troisième angle, je retranche 37° 35′ de 180 ; la différence 142° 25′ exprime la valeur de l'angle demandé.

30. Pour circonscrire une circonférence à un carré, on tire d'abord les deux diamètres du carré : ces deux diamètres se coupent à angles droits et en deux parties égales. D'une ouverture de compas égale à la moitié d'un diamètre, on tire la circonférence, qui passe alors par les quatre sommets du carré.

Exercices et Problèmes relatifs au Chapitre IV.

N° 3.

1. Il faut multiplier 8,25 par 5,15 : le résultat 42,4875 ou 42 mètres carrés, 48 décimètres carrés, 75 centimètres carrés, exprime la surface demandée.

2. On fait la somme des trois longueurs, ce qui donne (3,62 + 5,40 + 6,28) = 15,30 ; on prend la moitié de 15,30, et l'on a 7,65 ; on retranche successivement de 7,65 la longueur des trois côtés, et l'on trouve 4,03 pour 1ᵉʳ reste, 2,25 pour 2ᵉ reste, 1,37 pour 3ᵉ reste. On multiplie ces trois restes l'un par l'autre, ce qui donne 12,422475, que l'on multiplie encore par 7,65, moitié de la somme, on trouve 95,03193375, dont la racine carrée 9,7584 ou 9 ares 75 centiares exprime la surface du petit bois.

3. Un carré de 35 mètres de côté a 1225 mètres carrés de surface. Pour avoir la hauteur du triangle rectangle équivalent, je divise 1225 par la moitié de 50 ou par 25 : le résultat 49 ou 49 mètres exprime la hauteur du triangle demandé.

4. La superficie du mur à recouvrir est égale à celle d'un rectangle de 8 mètres 50 sur 2 mètres 60 de haut. Cette surface s'obtient en multipliant 8,50 par 2,60, ce qui donne 22,10 ou 22 mètres carrés, 10 décimètres carrés.

Un rouleau de papier a 8 mètres 20 de longueur ou 8 mètres à cause des rognures. La largeur du rouleau étant de 50 centimètres, on aura 8 $\times$ 0,50 ou 4 mètres pour la surface du rouleau.

Enfin, nous divisons 22,10 par 4, et nous trouvons 5,525 ou 5 rouleaux et un peu plus qu'un demi-rouleau pour le nombre demandé.

5. Je calcule la surface du premier rectangle; elle est égale à 5 $\times$ 3,15 ou 15 mètres 75. Le nouveau rectangle devant égaler le premier ou 15,75, je divise ce dernier nombre 15,75 par la hauteur connue 2,25, et je trouve 7 ou 7 mètres pour la base demandée.

6. Faisant la somme des deux bases, je trouve 32 + 39,60 = 71,60, dont la moitié est de 35,80; multipliant 35,80 par la hauteur 16, j'obtiens enfin 572,80 ou 572 mètres carrés, 80 décimètres carrés pour la superficie de la cour.

7. Je construis un triangle ABC (*fig.* 21), ayant 16 mètres pour la base AC et 6 mètres 40 pour hauteur AB; je mène à la base AC la parallèle BG, puis du milieu D de la base AC, j'élève la perpendiculaire DE. En joignant EA et EC, je forme le triangle isocèle AEC équivalant au triangle rectangle ABC.

8. RECTIFICATION. — Nous remplaçons l'énoncé du problème de la *première* et de la *deuxième édition* de ce livre par celui-ci : Quelle est la longueur de l'une des diagonales d'un rectangle de 12 mètres de long sur 4 mètres de haut ? — *Solution* : $(12)^2 + 4^2$ = 160; la diagonale demandée égalera $\sqrt{160}$ = 12,65, en forçant d'une unité le chiffre des centièmes.

9. Le talus du mur n'est autre chose que l'hypoténuse d'un triangle rectangle dont les deux autres côtés ont respectivement 21 mètres et 2 mètres 25.

Pour trouver la longueur demandée, je représente par t la longueur du talus et j'établis l'égalité suivante (en vertu du Th. IV, page 116 de la Géométrie) $t^2 = (21)^2 + (2{,}25)^2$, ce qui donne $t^2 = 446{,}0625$, d'où l'on tire : $t = \sqrt{446{,}0625} = 21{,}12$ ou 21 mètres 12 pour la longueur demandée.

10. La base 8,60 étant considérée comme l'hypoténuse du triangle, j'en fais le carré, ce qui donne $8{,}60 \times 8{,}60 = 73{,}9600$; je prends la moitié de 73,9600; je trouve 36,980, qui équivaut à la surface du carré construit sur l'un des deux côtés égaux du triangle rectangle isocèle. La racine carrée de 36,9800 sera le côté demandé; on aura donc $\sqrt{36{,}9800} = 6{,}08$ ou 6 mètres 08 pour la longueur du côté dont il est question.

11. Comme la surface d'un cercle s'obtient en multipliant le carré du rayon par le rapport de la circonférence ou diamètre, nous divisons la surface 452,3904 par le rapport 3,1416, nous obtiendrons 144 pour le carré du rayon. En extrayant la racine carrée de 144, nous aurons 12 pour le rayon demandé.

12. Pour avoir la surface, je multiplie le périmètre par la moitié de la hauteur de l'un des six triangles équilatéraux qui constituent la surface de l'hexagone. Je cherche la hauteur de l'un des triangles équilatéraux en formant le carré de 6, ce qui donne 36, dont je retranche le carré 9 de la moitié de la base (puique la hauteur inconnue doit tomber sur le milieu de cette base); je trouve 27. La racine carrée de 27 ou 5,19 exprime la hauteur du triangle équilatéral.

En multipliant 6×6 ou 36 (périmètre du polygone) par $\frac{5{,}19}{2}$ (moitié de la hauteur), je trouve 93 mètres carrés 42 décimètres carrés pour la surface du bassin.

13. Pour obtenir la surface 138,875 de ce rectangle, on a multiplié la base inconnue ou x par la hauteur 2,50; donc $x \times 2{,}50 = 138{,}875$, d'où l'on tire $x = \frac{138{,}875}{2{,}50}$.

En divisant 138,875 par 2,50, on obtient 55,55 ou 55 mètres 55 décimètres pour la longueur de la base.

14. Nous multiplions la longueur de l'arc 4,25 par la moitié du rayon 6,18, et nous obtenons $4{,}25 \times \frac{6{,}18}{2} = 13{,}1325$ ou 13 mètres carrés 1325.

15. La surface d'un triangle s'obtenant en multipliant la base par la hauteur et en prenant la moitié du résultat, on aura, d'après les données de la question, l'égalité suivante : $\frac{15{,}60 \times x}{2}$ $= 72{,}15$, d'où l'on tire $15{,}60 \times x = 72{,}15 \times 2$, et enfin, $x = \frac{72{,}15 \times 2}{15{,}60}$; c'est-à-dire qu'il faut doubler la surface 72,15, ce qui donne 144,30, et diviser 144,30 par 15,60 pour obtenir 9,25 ou 9 décamètres 25, qui est la hauteur demandée.

16. Je prolonge les deux côtés BA et EF jusqu'à leur rencontre au point G (*fig.* 22); je forme alors le triangle équilatéral GAF, qui est égal à la sixième partie de la surface du polygone donné. Je mesure le triangle GAF, et j'obtiens $\frac{6 \times 15 \cdot 19}{2}$ ou 15,57 ; je multiplie 15,57 par 6, ce qui donne 93,42 ou 93 mètres carrés 42 décimètres carrés pour la surface de l'hexagone.

17. La surface du rond-point ou du cercle étant de 33 ares 7986, j'obtiendrai le rayon en divisant 33,7986 par 3,1416, ce qui égale 10,7584, dont je prendrai la racine carrée pour avoir 3,28 qui est le rayon demandé. On se rappelle que la surface du cercle s'exprime par la formule $\pi\, R^2$.

18. La surface du rectangle étant de 151 mètres carrés 29 décim. carrés, pour obtenir le côté du carré équivalent, j'extrais la racine carrée de 151,29, et je trouve 12,30, ou 12 mètres 30 pour le côté demandé.

19. Je détermine la surface d'un cercle de 8 mètres 50 de diamètre. Je multiplie d'abord 3,1416 par 6,50, et j'obtiens 20,4204 pour la longueur de la circonférence. En multipliant 20,4204 par le quart du diamètre 8,50 ou par 2,125, on obtient 43,39335, ou 43 mètres carrés 39335 pour la surface de la partie circulaire de l'intérieur de la tour que l'on veut carreler. Enfin, en multipliant 43,39335 par 49, on trouve 2126 carreaux pour le nombre demandé (à moins d'un demi-carreau près).

20. J'obtiens la surface du plus grand cercle en multipliant le carré de 9,25 ou 85,5625 par 3,1416 ; je trouve 268,8032, ou 268 mètres carrés 8032.

La surface du plus petit cercle égalera $(6{,}50 \times 6{,}50) \times 3{,}1416$.

Les calculs étant effectués, on trouve 132,7326, ou 132 mètres carrés 7326.

Enfin, la différence des deux nombres 268,8032 et 132,7326, donne 136,0706, ou 136 mètres carrés 7 décim. carrés 6 centimètres carrés pour la surface de la couronne.

21. La surface étant égale à 36 hectares 36 ares, ou 363600 mètres carrés, et la largeur égalant 44 décamètres ou 440 mètres, je divise 363600 par 440, ce qui donne 826,36 mètres ou 82 décamètres 636 pour la largeur demandée.

22. La surface du triangle étant égale à 203 mètres carrés 35 centim. carrés, et la base ayant 24 mètres 50, nous aurons la hauteur en divisant 203,35 par la moitié de 24,50 ou 12,25. La division étant effectuée, on a 16,60 ou 16 mètres 60 pour cette hauteur.

D'après un théorème connu, on obtiendra l'hypoténuse du triangle en élevant les deux côtés au carré, ce qui donne $(12,25)^2 = 150,0625$ et $(16,60)^2 = 275,56$, et en extrayant la racine carrrée de la somme des deux carrés, 150,0625 et 275,56, ce qui donne $\sqrt{425,6225} = 20,63$ ou 20 mètres 63 centim. pour cette hypoténuse.

23. Pour diviser un trapèze en quatre parties égales, il suffit de partager les deux bases parallèles en quatre parties égales et de mener des lignes par les points de division.

24. Je cherche la circonférence dont l'arc du secteur fait partie, et je trouve $2,50 \times 2 = 5$ pour le diamètre. La circonférence égalera $5 \times 3,1416$, ou 15 mètres 708.

L'angle donné ayant 120 degrés, il est le tiers de 360 ou de la circonférence totale; en divisant la longueur 15,708 par 3, on aura la longueur de l'arc du secteur.

Le tiers de 15,708 égale 5 mètres 236, et la surface du secteur sera $\frac{5,236 \times 2,50}{2}$, ou 6 mètres carrés 55 décim. carrés.

25. Je cherche la hauteur du rectangle en formant le carré de la diagonale, ce qui donne $21 \times 21 = 441$ mètres; je forme le carré de la base, et j'obtiens $16 \times 16 = 256$. Faisant la différence des deux résultats, je trouve $441 - 256 = 185$, dont j'extrais la racine carrée, ce qui donne enfin 13,60 ou 13 mètres 60 pour la hauteur.

La surface du rectangle égale $16 \times 13{,}60 = 217{,}60$, c'est-à-dire 217 mètres carrés 60 décimètres carrés.

26. Le diamètre de la pièce étant de 26 millimètres, le rayon sera égal à 13 millimètres. Faisant le carré du rayon, je trouve $13 \times 13 = 169$ ou 169 millimètres carrés. Je multiplie 169 par 3,1416, et je trouve 530,9304 ou 531 millimètres carrés, à moins d'un demi-millimètre près.

27. Je cherche la longueur de la circonférence entière en multipliant 3,1416 par le diamètre 8,50 ; j'obtiens 26,7036. La longueur de l'arc de 12° se détermine par la proportion $360 : 26{,}7036 :: 12 :: x$, d'où l'on tire $x = 0{,}89$.

La surface du secteur est égale à la longueur de l'arc, ou 0,89 multiplié par la moitié du rayon, ou $\frac{4{,}25}{2}$, ce qui donne 1,89 ou 1 mètre 89 centimètres.

28. La surface de la salle à manger égale $7{,}50 \times 6{,}25$ ou 46,875. La surface d'un carreau étant de $0{,}25 \times 0{,}25$ ou 0,0625, en divisant 46,875 par 0,0625, on trouve 750 pour le nombre de carreaux qu'il faut employer.

29. La surface demandée s'obtient en multipliant 3,1416 par 42, ce qui donne 131,9472. Le produit de 131,9472 par le quart du diamètre 42 ou 10,50, donne 1385 mètres carrés 4456 pour la surface dont il est question.

30. La surface de l'avenue étant de 101 ares 3232, je divise 101,3232 par la base 4 décam. 56 : le quotient 22,22 ou 22 décamètres, 22 exprime la longueur demandée.

Exercices et Problèmes relatifs au Chapitre V.

N° 4.

1. Sur la droite AB (fig. 23), je fais un angle arbitraire ABM. Je porte sur BM, en partant du point B, à la suite les unes des autres, des longueurs $BC = r$, $CD = s$, $DF = t$; je joins FA, et par les points D et C je mène les parallèles DG et CE à la ligne AF : les deux parallèles DG et CE divisent la ligne AB en segments BE, EE, GA, proportionnels à r, s, t. En effet, à cause des parallèles EC, GD, AF, les parties BE, EG, GA, sont proportionnelles aux parties BC, CD, DF (th. II, pag. 145), et par construction, celles-ci sont égales aux lignes données r, s, t.

REMARQUE.—On pourrait également diviser une ligne quelconque en parties proportionnelles à des nombres donnés, 7, 4, 9, par exemple : pour cela, on prendrait une longueur arbitraire que l'on porterait 7 fois sur la ligne BM, de B en C, puis 4 fois de C en D, et enfin 9 fois de D en F, pour continuer la construction dont nous avons parlé plus haut.

2. Sur la largeur R, comme diamètre, on décrit une demi-circonférence; sur cette demi-circonférence, à partir d'une des extrémités du diamètre, avec une ouverture de compas égale à S, on porte cette longueur S comme corde; par l'extrémité de la corde S on abaisse une perpendiculaire sur le diamètre : le segment adjacent à la corde est la troisième proportionnelle demandée.

REMARQUE. — Lorsque la première longueur est la plus petite des deux, par une des extrémités on élève une perpendiculaire indéfinie; on achève le triangle rectangle dont la seconde longueur est l'hypoténuse; enfin, par le sommet, on mène une perpendiculaire à l'hypoténuse.

3. On fait un angle quelconque RST (fig. 24); puis sur le côté SR on porte successivement SP = A et PI = B. On porte sur ST la longueur SD = C, et l'on joint PD; en menant IH parallèle à PD, on obtient DH pour la quatrième proportionnelle demandée, car à cause des parallèles PD et IH, on a SP : PI :: SD : DH, ou, ce qui revient au même, A : B :: C : DH.

Pour trouver maintenant la troisième proportionnelle aux deux droites A, B, il suffit de chercher une quatrième proportionnelle aux trois droites A, B, C, en supposant C = B : on retombe alors dans le problème qui précède.

4. Supposons le problème résolu, et soit TPV (fig. 25) la droite demandée; on aura VP : PT :: f : g. Si l'on supposait une ligne OP menée parallèlement à NR, on aurait aussi NO : OT :: VP : PT, et par conséquent f : g :: NO : OT. On peut donc voir que OT est une quatrième proportionnelle à f, g et NO.

D'après cela, pour construire le point T, on mènera PO pa-

rallèle à NR ; sur NM, on formera un angle quelconque SNM,
et sur SN on portera NX $= f$ et XD $= g$; on joindra XO, et l'on
mènera du point D la ligne DT parallèle à XO : le point T sera
bien un point tel qu'en menant TPV, cette dernière sera la
droite demandée, car $f : g :: $ NO : OT :: PV : PT.

En second lieu, si l'on voulait avoir TP = PV, après avoir
mené la parallèle OP à NR, il ne resterait plus qu'à prendre
OT = NO, pour mener ensuite TPV, qui égalerait la droite demandée, car VP : TP :: NO : OT, mais NO = OT, donc VP = TP.

5. Aux points A' et B' (*fig.* 26), on forme des angles respectivement égaux aux angles A, B, au moyen des lignes A'C' et B'C' :
ces deux lignes se couperont en C' et formeront le triangle
A'B'C', qui est un triangle semblable à ABC (Th. IV, coroll.,
pag. 148).

On peut résoudre ce problème de plusieurs manières, d'après
les théorèmes relatifs aux triangles semblables.

6. Soit ABC (*fig.* 27) l'angle donné, et soit P le point compris dans cet angle. Du point P je tire PD parallèle au côté AB
de l'angle ; je prends DF = BD, et par les points déterminés
F et P je tire la ligne droite FPG, qui est la ligne droite demandée. Cela est évident, car, la ligne PD étant parallèle à GB, on
a la proportion FD : DB :: FP : PG ; mais FD = DB, donc FP
= PG.

7. Sur la circonférence du cercle, on prend deux points
arbitraires M et N (*fig.* 28) ; on trace les prolongements des deux
rayons qui aboutissent à ces points, en employant ce procédé :
On porte à droite et à gauche des distances égales MA, MB,
NC, ND. Des points A et B comme centres, avec une certaine
ouvertures de compas, je trace des arcs qui se coupent en
F, et des points C et D, aussi comme centres, je trace des arcs
de cercle qui se coupent en G ; je joins MF et NG.

Aux points M et N, je mène des perpendiculaires qui se coupent en S, et je divise l'angle S en deux parties égales : la bissectrice de cet angle passe par le centre du cercle. En effet,
d'après le Th. XVI, pag. 160, on a la proportion SR : AS :: AS
: SI, d'où l'on tire SR $= \dfrac{\overline{AS}^2}{SI}$.

Si la distance AS $= 20$ mètres et SI $= 5$ mètres, on aura SR $= \frac{20 \times 20}{5}$ ou $\frac{400}{5} = 80$ mètres. Le diamètre RI $=$ SR $-$ SI, c'est-à-dire RI $= (80 - 5) = 75$ mètres.

8. La ligne CD (*fig.* 29) étant la base du parallélogramme donné, et BE sa hauteur, si x est le côté du carré cherché, on obtient la proportion CD $: x :: x :$ BE et $x^2 =$ CD $\times$ BE.

On voit que le côté du carré ou x est moyenne proportionnelle entre CD et BE. Le côté du carré équivalent à un triangle donné est moyenne proportionnelle entre la base du triangle et la moitié de la hauteur.

9. On fait la somme des deux nombres 8 et 5; on obtient 13; on porte sur une droite indéfinie AM (*fig.* 30) (que l'on tire à l'une des extrémités de la ligne donnée) 13 parties égales quelconques; on joint CB, et par la huitième division, on mène la droite DE parallèle à la droite CB : la ligne AB est partagée en E en deux parties AE et EB, qui sont entre elles dans le rapport de 8 à 5, comme il est facile de le démontrer d'après le Th. II, pag. 145.

10. Soit proposé de construire un angle pour réduire les droites A, B, C (*fig.* 31) au quart de leur longueur. On tire une droite indéfinie MR; du point M en D, on porte quatre fois une longueur arbitraire MP. Le point D étant pris comme centre, et avec une ouverture de compas égale à MP, on décrit un arc de cercle; du point M pris aussi comme centre, avec une ouverture de compas égale à MD, on décrit un deuxième arc qui coupe le premier en D′; du point M on tire la ligne droite indéfinie MN, passant par le point D′ : l'angle NMR est l'angle de réduction demandé.

Pour faire usage de cet angle, on porte la droite A, de M en O, et avec un rayon MO $=$ A on décrit l'arc OO′, qui coupe MN en O′ : la corde OO′ de cet arc est le quart de A, car les cordes OO′, DD′ étant parallèles, on a la proportion MO : OO′ :: MD : DD′; mais DD′ égale le quart de MD; donc OO′ égale le quart de MO, égale le quart de A. On agira de même pour obtenir le quart des autres lignes B et C.

11. On prend sur l'échelle de proportion trois longueurs respectivement égales aux nombres donnés 3, 7 et 9, et d'après la solution du 2ᵉ problème, page 101, on construit le triangle demandé.

12. Soit à mesurer la largeur AB de la rivière (*fig.* 32). Sur le prolongement de la ligne AB, on prend un point C; on mène une droite CD, et au point D on mène une parallèle à la ligne BC. On marque le point F, où la ligne EB coupe la ligne DC, et l'on obtient deux triangles semblables BCF et EDF; en effet, on a la proportion BC : DE :: CF : FD, d'où l'on tire $BC = \dfrac{DE \times CF}{FD}$ et $AB = BC - AC$.

13. Soit ABCD (*fig.* 33) le rectangle donné. Je représente par X le côté du carré demandé; l'aire de ce carré sera X^2, et celle du rectangle égalera $AD \times AB$; et, comme les deux aires doivent être égales, on obtient $X^2 = AD \times AB$.

D'après cette égalité, on voit que le côté inconnu X est une moyenne proportionnelle entre les côtés AD et AB du rectangle.

On construit une moyenne proportionnelle d'après le procédé que nous avons indiqué, 4ᵉ prob., page 175.

14. Soit R le côté du carré donné, et *m* est à *n* le rapport proposé. On trace une ligne droite indéfinie PQ (*fig.* 34), sur laquelle on prend une longueur MA égale à *n*, et une longueur AB égale à *m*. Sur la ligne MB, comme diamètre, on décrit une demi-circonférence. Au point A on élève une perpendiculaire AC; on tire les lignes CM et CB. On prend sur CM une longueur CI égale à R, et l'on mène IH parallèle à la ligne MB : cette ligne IH coupe CB en H, et la longueur CH est le côté du carré dont il est question. En effet, l'angle MCB, inscrit dans un demi-cercle, est droit, et la ligne AC étant perpendiculaire sur MB, on a (d'après un coroll. [1] du Tʜ. IV, pag. 116) la proportion $\overline{CB}^2 : \overline{MC}^2 :: AB : MA :: m : n$; mais, comme les droites MB et IH sont parallèles, on a CH : CI :: CB : MC, d'où l'on tire

---

[1] Cᴏʀᴏʟʟ. du Tʜ. IV. — Les rectangles AORM, CORN (*fig.* 154 *bis*) ayant la même hauteur OR, sont entre eux comme leurs bases AO, OC; mais ces rectangles sont respectivement équivalents aux carrés AHGB, BEDC, il s'ensuit que ces carrés sont entre eux comme les segments AO, OC de l'hypoténuse.

$\overline{CH}^2 : \overline{CI}^2 :: \overline{CB}^2 : \overline{MC}^2$; et, à cause du rapport commun, on obtient $\overline{CH}^2 : \overline{CI}^2 :: m : n$ ou $\overline{CH}^2 : \overline{R}^2 :: m : n$.

REMARQUE. Au moyen de cette construction, il est possible de faire un carré *double*, *triple*, etc., d'un carré donné, ou qui en soit la *moitié*, le *tiers*, etc.

15. Soit le triangle ABC (*fig.* 35) à diviser en trois parties dans les rapports 2, 5, 9 ; et soit P le point où doit aboutir chaque partie.

Prenant le côté AC pour la base de l'opération, nous opérons en faisant à la fois usage du calcul et des constructions géométriques.

On mesure d'abord la surface du triangle ABC; supposons que l'on trouve 35 ares 44 centiares, d'après une règle de calcul (partages proportionnels), on trouve pour la valeur de la 1re part, 4 ares 43; de la 2e part, 11 ares 075; de la 3e part, 19 ares 935.

Du point P j'abaisse sur AC la perpendiculaire PF; supposons que sa longueur soit égale à 26 mètres, on aura 13 mètres pour la moitié de cette largeur. Imaginons un triangle DPE équivalent à la 1re part, l'aire de ce triangle aura pour mesure $\frac{PF \times DE}{2}$ ou $13 \times DE$. On devra donc avoir $13 \times DE = 4{,}43$, d'où l'on tire $DE = \frac{443}{13} = 34{,}07$; ainsi la ligne DE égale 34 mètres 07.

Ayant déterminé le point E, nous tirons PC; nous menons EM parallèle à PC, et nous joignons PM. Comme les triangles PCE et PMC ont la même base PC et la même hauteur (puisque leurs sommets M, E sont situés sur une même parallèle à la base), ils sont équivalents; et, en ajoutant à chacun d'eux le triangle DPC, on obtient PCE + DPC = PMC + DPC, ou PDE = PDCM; c'est-à-dire que le quadrilatère PDCM équivaut à la première part.

Maintenant, si nous imaginons un triangle PDO équivalent à la seconde partie, on devra avoir $\frac{PF \times DO}{2} = 11{,}075$ ou $13 \times DO = 11{,}075$; d'où l'on tire $DO = \frac{11{,}075}{13} = 85{,}19$; ainsi, la ligne DO égale 85 mètres 19 centimètres.

Le point O étant déterminé, nous tirons PA; puis nous menons ON parallèle à la ligne PA, et nous tirons PN.

Comme les triangles PAO et PAN ont la même base PA et la même hauteur, puisque leurs sommets N et O sont situés sur une même parallèle à la base, ces triangles sont équivalents.

Si l'on ajoute à chacun d'eux le triangle PAD, on obtient POA + PAD = PNA + PAD, ou POD = PNAD, c'est-à-dire que le quadrilatère PNAD équivaut à la seconde part.

La troisième part sera évidemment le quadrilatère PNBM.

REMARQUE. Lorsque les trois parts doivent être équivalentes, on prend OD = DE, et de grandeur telle que chacun des triangles PDE, PDO soit équivalent au tiers du triangle ABC.

16. Soit ABCD (*fig.* 36), le trapèze qu'il s'agit de partager, par une droite MN parallèle à la base, en deux parties qui soient entre elles comme m est à n.

Si l'on connaissait la longueur de la parallèle MN, le problème serait résolu; car, en prenant AP égale à cette longueur, puis menant PN parallèle à AB, et NM parallèle à AD, la figure APNM serait un parallélogramme, et NM serait égale à AP; c'est-à-dire que MN serait la parallèle demandée.

Pour trouver la longueur de MN, prolongeons les côtés AB, DC non parallèles jusqu'à leur rencontre en un certain point O (*fig.* 36 *bis*); d'après la propriété de la similitude des triangles BOC, MON et AOD, on aura AOD : MON :: $\overline{AD}^2$: $\overline{MN}^2$, et MON : BOC :: $\overline{MN}^2$: $\overline{BC}^2$; d'où l'on tire AOD — MON : MON :: $\overline{AD}^2$ — $\overline{MN}^2$: $\overline{MN}^2$, et MON — BOC : MON :: $\overline{MN}^2$ — $\overline{BC}^2$: $\overline{MN}^2$.

Comme les deux dernières proportions ont les mêmes conséquents, leurs antécédents sont en proportion; on a alors AOD — MON : MON — BOC :: $\overline{AD}^2$ — $\overline{MN}^2$: $\overline{MN}^2$ — $\overline{BC}^2$, ou ADNM : MNCB :: $\overline{AD}^2$ — $\overline{MN}^2$: $\overline{MN}^2$ — $\overline{BC}^2$.

D'après l'énoncé du problème, on doit avoir ADNM : MNCB :: $m : n$; donc, à cause du rapport commun, on obtient $\overline{AD}^2$ — $\overline{MN}^2$: $\overline{MN}^2$ — $\overline{BC}^2$ :: $m : n$, ou si l'on égale le produit des extrêmes au produit des moyens, $\overline{MN}^2 \times m$ — $\overline{BC}^2 \times m$ = $\overline{AD}^2 \times n$ — $\overline{MN}^2 \times n$, d'où $\overline{MN}^2 \times (m + n)$ = $\overline{BC}^2 \times m$ + $\overline{AD}^2 \times n$. Divisant de part et d'autre (dans cette dernière égalité) par la quantité $m+n$, on obtient $\overline{MN}^2 = \dfrac{\overline{BC}^2 \times m + \overline{AD}^2 \times n}{m+n}$, et, en extrayant la racine carrée des deux membres, on a $MN = \sqrt{\dfrac{\overline{BC}^2 \times m + \overline{AD}^2 \times n}{m+n}}$; c'est-à-dire que l'on obtient la longueur de la parallèle MN en multipliant le carré de BC par m, le carré de AD par n, pour ajouter les deux produits et diviser la somme par $m+n$, afin d'extraire la racine carrée du quotient.

17. Dans la résolution du problème précédent, nous avons trouvé pour la formule qui donne la longueur de la parallèle MN aux bases du trapèze ABCD, l'expression $MN = \sqrt{\dfrac{\overline{BC}^2 \times m + \overline{AD}^2 \times n}{m+n}}$; si nous remplaçons chaque partie de cette formule par sa valeur numérique, et si nous représentons la longueur de la parallèle demandée par X, nous aurons $X = \sqrt{\dfrac{64 \times 5 + 196 \times 9}{5+9}} = \sqrt{\dfrac{2084}{14}}$ ou $X = \sqrt{148,85} = 12,20$, c'est-à-dire que la parallèle aux bases égale 12 mètres 20 de longueur.

18. La solution du problème précédent ne dépend que de la longueur des deux bases parallèles, et non de la hauteur du trapèze, ni de l'inclinaison des côtés non parallèles sur les bases.

Si les deux parties du trapèze devaient être équivalentes, on devrait, dans la formule générale, faire $m=1$ et $n=1$; alors cette formule $\overline{MN}^2 = \dfrac{\overline{BC}^2 \times m + \overline{AD}^2 \times n}{m+n}$ se changerait en $\overline{MN}^2 = \dfrac{\overline{BC}^2 + \overline{AD}^2}{2}$, c'est-à-dire que MN est le côté du carré équivalent à la somme des carrés de BC et de AD.

Voici l'application de cette dernière formule, elle permet de déterminer la parallèle demandée.

Au point D (*fig.* 37), élevons la perpendiculaire DF égale à la base BC, et joignons AF, qui sera alors le côté du carré équivalent à la somme des carrés de BC et de AD. Sur le milieu E de AF, élevons une perpendicutaire EG égale à AE, et joignons AG; ce sera le côté du carré équivalent à la moitié du carré de AF, car on a $\overline{AG}^2 = \overline{AE}^2 + \overline{EG}^2 = 2\,\overline{AE}^2 = 2\left(\dfrac{AF}{2}\right)^2 = \dfrac{2\,\overline{AF}^2}{4} = \dfrac{\overline{AF}^2}{2}$.

Du point A comme centre, avec une ouverture de compas égale à AG, traçons un arc GH, qui coupe AD au point H; menons HN parallèle à AB, et par le point N menons NM parallèle à AD : ce sera la parallèle dont il s'agit.

19. Soit ABCDEFG (*fig.* 38), le polygone qu'il s'agit de diviser en trois parties équivalentes.

Par les sommets B, C, E, F, G, choisis de telle sorte que les deux sommets qui restent, A, D, soient les plus éloignés l'un de l'autre dans le polygone, on mène des parallèles dont la direction commune est arbitraire, pourvu que toutes ces parallèles passent dans l'intérieur du polygone.

On divise chaque parallèle en trois parties égales, et l'on joint entre eux les points de division et les sommets A et D : le polygone se trouve alors divisé en trois parties équivalentes, car les triangles extrêmes, ainsi que les trapèzes intermédiaires, se trouvent divisés chacun en trois parties aussi équivalentes; les sommes des parties analogues seront donc aussi divisées en parties équivalentes en vertu des propriétés des suites de rapports égaux.

Remarque. — Il est facile d'appliquer ce mode de division, avec une approximation suffisante, à une figure curviligne quelconque. On choisit sur son contour une série de points assez rapprochés pour que l'arc compris entre deux points consécutifs puisse être considéré, sans erreur sensible, comme une ligne droite. Enfin, si les parties devaient être entre elles proportionnelles à des nombres donnés, on partagerait chaque parallèle en portions proportionnelles aux nombres donnés, ces parties se succédant dans le même ordre de grandeur pour toutes les parallèles.

20. Soit à diviser le cercle OA (*fig.* 39) en deux parties proportionnelles aux nombres m, n. Considérons pour rayon du cercle donné la ligne OA, et pour rayon de la circonférence demandée la ligne OC. Il faut que l'aire du cercle OC soit à l'aire de la couronne CA comme m est à n, c'est-à-dire qu'on devra avoir $\pi \times \overline{OC}^2 : \pi \times \overline{OA}^2 - \pi \times \overline{OC}^2 :: m : n$, ou, en supprimant le facteur π, commun aux deux termes du premier rapport, on aura $\overline{OC}^2 : \overline{OA}^2 - \overline{OC}^2 :: m : n$. Si l'on ajoute à chaque conséquent son antécédent, on obtient $\overline{OC}^2 : \overline{OA}^2 - \overline{OC}^2 + \overline{OC}^2 :: m : m + n$, et, en simplifiant, $\overline{OC}^2 : \overline{OA}^2 :: m : m + n$.

D'après cela, on voit qu'il s'agit de trouver le côté d'un carré (1) dont l'aire soit à celle d'un carré donné $\overline{OA}^2$, comme le nombre m est au nombre $m + n$.

REMARQUE. — Pour diviser un cercle en deux parties équivalentes, en supposant $m = n = 1$; alors la proportion $\overline{OC}^2 : \overline{OA}^2 :: m : m + n$ deviendrait $\overline{OC}^2 : \overline{OA}^2 :: 1 : 2$; ce qui indique que $\overline{OC}^2$ est le côté du carré qui a OA pour diagonale. On obtiendrait alors OC en élevant sur le milieu D de OA une perpendiculaire DB, qui serait le rayon de la circonférence dont il est question.

Exercices et Problèmes relatifs au chapitre VI.

N° 5.

1. On trace dans le plan deux droites qui se coupent au point donné, puis par le même point on élève une ligne perpendiculaire aux droites tracées dans le plan. (TH. II, page 206.)

Quand le plan est horizontal, on détermine la perpendiculaire à l'aide d'un fil à plomb; si le plan est vertical, on emploie un niveau à bulle d'air, et la ligne perpendiculaire est déterminée par la règle en métal qui supporte le tube de l'instrument que l'on place horizontalement contre le plan; enfin, on peut employer deux équerres en bois, que l'on place l'une contre l'autre de manière que deux côtés coïncident après avoir placé respectivement les autres côtés sur deux lignes droites tracées arbitrairement sous un certain angle et passant par le point donné sur le plan, ce point correspondant à chacun des sommets de l'angle droit des équerres.

2. On peut faire usage des deux équerres en bois, comme dans le problème précédent, en faisant passer les deux côtés qui coïncident par le point donné : alors les sommets des angles droits de l'équerre déterminent sur le plan le pied de la perpendiculaire demandée.

---

(1) Nous avons donné plus haut (n° 14) la solution de ce problème.

Le *Corollaire* du Th. v, page 207 (*Géom.*) indique un autre moyen pour opérer. Du point donné comme centre, on décrit sur le plan une circonférence dont le centre (qu'il est facile de déterminer) est le pied de la perpendiculaire demandée.

3. On trace dans le plan une droite, puis on mène, par le point donné, une parallèle à cette droite, ce que l'on peut obtenir au moyen de deux perpendiculaires égales situées sur la ligne tracée et dont l'une part du point donné.

4. On prend un point quelconque de l'arête formée par la rencontre des deux murs ; puis de ce point, et sur chaque mur, on élève une perpendiculaire sur l'arête. A partir du point, on porte sur chaque perpendiculaire une longueur égale, et l'on mesure la distance qui sépare les deux extrémités que l'on vient de déterminer : il ne reste plus qu'à construire un triangle isocèle, et à mesurer avec le rapporteur l'angle formé par les deux côtés égaux qui se coupent.

Dans la pratique, on emploie la *fausse équerre*, comme nous l'avons indiqué *Géom.*, page 62.

5. On mène du point donné une perpendiculaire à la droite ; puis, par le pied de cette perpendiculaire, on mène une seconde perpendiculaire à la même droite ; le plan des deux perpendiculaires est le plan dont il est question.

6. Soit la ligne AB oblique au plan P (*fig.* 40). On abaisse la ligne M*m* perpendiculairement sur le plan ; on joint A*m*, cette ligne A*m* est la projection de la droite AB : je dis que l'angle MA*m* est plus petit que tout autre angle MA*n*.

Pour le démontrer, prenons A*n* = A*m*, et joignons M*n*, l'oblique M*n* est plus grande que la perpendiculaire M*m* ; or, deux triangles AM*m*, AM*n* qui ont deux côtés égaux chacun à chacun, mais dont le troisième côté de l'un M*m* est plus petit que le troisième côté de l'autre M*n*, ont l'angle MA*m* < MA*n*.

Le supplément MA*m'* du plus petit angle est le plus grand.

7. Soient AB et DC deux parallèles (*fig.* 41). Abaissons B*b*, C*c* perpendiculairement sur le plan P ; joignons A*b*, D*c*, ces droites sont les projections de AB, DC ; d'ailleurs les plans AB*b*, DC*c* sont parallèles comme menés par des lignes parallèles, et l'on sait que les intersections de deux plans parallèles par un troisième sont parallèles : donc A*b* et D*c* sont parallèles.

8. Soient AB et CD deux lignes droites qui se croisent, et ne sont pas dans un même plan (*fig.* 42).

Par un point E quelconque, de la droite CD, menons EF parallèle à AB, et par les droites CD et EF menons le plan P. D'un point M quelconque de AB, abaissons sur le plan la perpendiculaire M*m*, menons *m*K parallèle à AB, et par le point K d'intersection de *m*K et CD élevons KH perpendiculaire au plan; la droite KH est perpendiculaire à K*m* et à CD : donc cette droite KH est perpendiculaire aux droites AB, CD. Je dis que KH est la plus courte distance des deux droites, car si nous joignons un point quelconque N de AB avec un point quelconque G de CD, la ligne oblique NG > N*n* perpendiculaire au plan : donc, puisque N*n* = KH comme distance à un plan de deux points d'une droite qui lui est parallèle, on a NG > KH.

9. Supposons les trois angles ABC, ABD, ABE égaux (*fig.* 43), je dis que la ligne AB est perpendiculaire au plan. Pour le démontrer, prenons BC, BD, BE égales, les triangles ABC, ABD, ABE sont égaux puisqu'ils ont un angle égal compris entre des côtés égaux; ainsi les trois obliques AC, AD, AE sont égales : donc leur pied doit pour toutes les trois s'écarter également du pied de la perpendiculaire; donc la ligne AB est cette perpendiculaire puisque le point B est le seul point du plan P équidistant des points C, D, E.

10. Si le point donné est dans l'angle dièdre, l'angle des deux perpendiculaires est le supplément de l'angle dièdre. Si le point est à l'extérieur, l'angle des perpendiculaires est égal à l'angle dièdre.

Dans le premier cas, soit AB, AC (*fig.* 44) les perpendiculaires. Menons par ces deux droites un plan, il sera perpendiculaire à l'arête de l'angle dièdre. Or dans le quadrilatère ABDC les angles B et C sont droits, donc A + D = 2 droits. Dans le second cas (fig. 45), l'angle F est le complément des angles A et D, donc ces angles sont égaux. Mais l'angle D est l'angle plan qui mesure l'angle dièdre, donc, *etc.*

11. Soit T (fig. 46) le point intérieur; de ce point nous abaissons les perpendiculaires Tc, Tb, Ta sur les trois faces de l'angle trièdre. D'après ce que nous venons de voir dans le problème qui précède, chacun des angles bTc, cTa, bTa est le supplément des angles dièdres, suivant les arêtes SA, SB, SC : c'est, comme on le voit, une conséquence du problème précédent.

12. L'angle CDB (*fig.* 47) mesurant l'angle dièdre, on le divise en deux parties égales par la ligne DA, et par l'arête commune et la ligne DA on mène un plan qui est le plan bissecteur.

Si d'un point A de ce plan on abaisse les perpendiculaires AB, AC, elles seront égales, comme il est facile de le démontrer, puisque les triangles rectangles ABD, ACD ont l'hypoténuse égale et un angle égal : donc AB = AC.

13. Le lieu des points de l'espace équidistants de deux points donnés A et B (*fig.* 48) est le plan mené perpendiculairement à AB et au milieu de AB; car si nous prenons un point C quelconque de ce plan, et si nous le joignons aux trois points A, B, D, les triangles rectangles ADC, CDB sont égaux, car ils ont un angle droit compris entre deux côtés égaux chacun à chacun : ainsi, AC = CB. On prouvera, comme dans la géométrie plane, qu'un point hors du plan est inégalement éloigné des points A et B.

14. Il faut diviser deux des angles dièdres en deux parties égales, et l'intersection des plans bissecteurs donne le lieu cherché.

N° 6.

1. Soient A et B (*fig.* 49) les deux points donnés sur la sphère O. Des points A et B comme pôles, avec une ouverture de compas égale à la corde du quadrant, je décris deux grands cercles qui se coupent en P : le point P est le pôle de l'arc du grand cercle qui passe par les points AB.

2. Soit P (*fig.* 50) le point donné sur la surface de la sphère O. Du point P pris comme pôle, avec une ouverture de compas égale à un quadrant, je décris un grand cercle qui coupe le cercle ABD au point E ; du point E comme pôle, avec l'intervalle EP, je décris le grand cercle PB : ce cercle est perpendiculaire sur ABD, car tous les points d'une circonférence d'un cercle de la sphère sont également distants du pôle de ce cercle.

3. Il s'agit de déterminer la surface d'un prisme droit dont la base est un hexagone régulier de 2 mètres 60 de côté. D'après la règle donnée, *Géométrie*, page 245, n° 160, cette surface égalera $3{,}25 \times 2{,}60 \times 6$ ou $50{,}70$.

En divisant $50{,}70$ par la largeur de l'étoffe ou par $0{,}60$, on obtient $84{,}50$ ou 84 mètres 50 pour la longueur demandée. Cela est évident, car cette quantité d'étoffe forme un rectangle dont on a une dimension et la surface totale.

4. L'écluse présentant la forme d'un parallélipipède rectangle, pour avoir le volume de l'eau qu'elle peut contenir il faut multiplier les trois dimensions l'une par l'autre. On aura donc $23{,}50 \times 10 \times 16 = 3760$ mètres cubes pour la quantité demandée.

5. Pour trouver le volume demandé, on peut déterminer la surface de la couronne formée par l'épaisseur de la maçonnerie, et multiplier cette surface par la profondeur du puits. Ainsi, on obtiendra la surface de la couronne en faisant la différence des deux cercles concentriques, dont l'un a pour diamètre 2 mètres 60 et dont l'autre a 2 mètres 60 plus 2 fois l'épaisseur $0{,}36$ de la maçonnerie ou $0{,}72$, ce qui donne $2{,}60 + 0{,}72 = 3{,}32$ pour diamètre du plus grand cercle.

Le plus grand cercle aura pour surface $\overline{1{,}66}^2 \times 3{,}1416 = 8$ mètres carrés 5569. Le plus petit cercle aura pour surface $\overline{1{,}30}^2 \times 3{,}1416 = 5$ mètres carrés 3093. La différence de ces surfaces égale $3{,}3476$ ou 3 mètres carrés 3476. En multipliant $3{,}3476$ par la profondeur $7{,}25$, on obtient $24{,}272$ ou 24 mètres cubes 272 décim. cubes pour le volume de la maçonnerie.

On peut encore obtenir le résultat 24 mètres cubes 272 en formant séparément : 1° le volume d'un cylindre ayant 3 mètres 32 de diamètre et 7 mètres 25 de hauteur, ce qui donne

62 mètres cubes 764 décimètres cubes, et 2° le volume d'un cylindre de 2 mètres 60 de diamètre et 7 mètres 25 de hauteur, ce qui donne 38 mètres cubes 492 décimètres cubes; puis en faisant la différence des deux nombres 62,764 et 38,492.

6. Nous avons à considérer ici le volume d'un parallélipipède rectangle de 8 mètres de long sur 3 mètres de large et 2 mètres 50 de haut. En multipliant l'une par l'autre les trois dimensions, on trouve $8 \times 3 \times 2,50 = 60$ ou 60 mètres cubes; et comme 1 stère égale 1 mètre cube, nous avons 60 stères pour le volume demandé.

7. La pyramide étant quadrangulaire, la surface de sa base sera $3,25 \times 3,25$ ou 10 mètres carrés 56 décimètres carrés. On obtient le volume de la pyramide en multipliant 10,56 par la hauteur 13,50 et en prenant le tiers du résultat; on a donc $\frac{10,56 \times 13,50}{3} = 47,731$ ou 47 mètres cubes 731 décimètres cubes. Pour obtenir le poids, on multiplie 2,9 (poids spécifique du granit) par 47,731 : le résultat 137839,9 ou 137839 kilogrammes, 9 kilogrammes exprime le poids du monument.

8. La surface de la tôle s'obtient en multipliant 0,70 par 3,1416, ce qui donne 2,19912 ou 2 mètres 19912 pour la largeur du tuyau développé en feuille. En multipliant 2,19912 par la longueur 5,25, on trouve 11,54538 ou 11 mètres carrés 54 décimètres carrés 54 centimètres carrés à moins d'un centimètre carré près pour la surface demandée.

9. On obtiendra la surface du toit en multipliant d'abord 11,50 par 3,1416, ce qui donne 36,1284 ou 36 mètres 1284 dix millièmes pour le contour, puis en multipliant 36,1284 par $\frac{7}{2}$ d'après la règle donnée n° 189, page 267 (*Géométrie*). Le résultat 126,4494 ou 126 mètres carrés 44 décimètres carrés, 94 centimètres carrés est la surface demandée.

10. On obtient, 1° la surface au moyen de la formule $4\pi R^2$; on a donc $4 \times 3,1416 \times (636,62)^2$. En effectuant le calcul on trouve 5092973,73062016, c'est-à-dire 5092973 myriamètres carrés en négligeant la fraction.

2° Le volume de la terre s'obtient en multipliant la surface 5092973 myriamètres par le tiers du rayon 636,62. On a pour résultat $\dfrac{8092973 \times 636,62}{5} = 108076282,375$ ou 1080 millions de myriamètres cubes en négligeant la fraction.

3° On trouve le poids de la terre en raisonnant ainsi :

La terre ayant 1080 millions de myriamètres cubes de volume, le poids d'un pareil volume d'eau sera 1080 millions de fois 10000000 de kilogrammes (qui est le poids du myriamètre cube); mais la densité de la terre par rapport à l'eau est comme 5,24 est à 1, il s'ensuit que le myriamètre cube d'eau ou 10000000 de kilogrammes de terre pèseront 52400000 de kilogrammes et que tout le globe pèsera 1080 millions de fois 52400000 de kilogrammes ou 56592 trillions de kilogrammes environ.

11. Le mur aura $35 \times 1,3 \times 7$ ou 318 mètres cubes 500 décimètres cubes. Une pierre ayant $0,5 \times 0,4 \times 0,6$ ou 0,120 décimètres cubes, en divisant 318,5 par 0,12 on trouve 2654 pierres et $\frac{1}{6}$ de pierre.

12. Nous savons que les volumes des sphères sont proportionnels aux cubes de leurs rayons : donc le volume du soleil est à celui de la terre comme $\overline{112,88}^3 : 1^3$ ou :: 1438305 : 1, c'est-à-dire que le soleil est environ 1 million 438 mille 305 fois plus gros que la terre.

13. Nous suivons le procédé que nous avons indiqué p. 292, deuxième problème. Nous doublons la longueur du bouge 1,10, ce qui donne 2,20; nous additionnons 2,20 avec 0,80 (diamètre des fonds) et nous trouvons 3; nous prenons le tiers de 3, ce qui donne 1, puis la moitié de 1, ce qui donne 0,50; nous élevons 0,50 au carré, et nous trouvons 0,25 que nous multiplions par 3,1416 : nous obtenons 0,7854. Enfin, en multipliant 0,7854 par 1,35, nous trouvons 1,06029, c'est-à-dire 1060 litres pour la capacité du tonneau (à moins d'un litre près.)

14. En faisant usage de la formule indiquée, *Géométr.*, n° 203, page 278, on obtient l'expression $\dfrac{3,1416 \times 0,168^3}{6} = 0,002482718$, c'est-à-dire 2 décimètres cubes 482 centimètres cubes, 718 millimètres cubes. On aura le poids du boulet en multipliant 2,482718 par le poids spécifique 7,207 de la fonte; le résultat 17,892948 ou 17 kilogrammes 892 grammes est le résultat demandé.

15. Le volume du fil s'obtiendra par la formule $\pi R^2 d$ en appelant d la distance qui existe entre les deux villes. On aura donc l'expression $3{,}1416 \times \overline{0{,}0015}^2 \times 892000$; et en effectuant les calculs on trouve $6{,}3051912$ ou 6 mètres cubes, 305 décim. cubes, 191 millim. cubes pour le volume du métal employé.

Les fils télégraphiques étant en zinc, on trouve le poids demandé en multipliant $6305{,}191$ par le poids spécifique du zinc ou $6{,}861$: le résultat $43259{,}915451$ ou 43259 kilogrammes 915 grammes est le poids demandé.

16. Comme la plaque pèse 20 kilogrammes 6451, et que le poids spécifique de l'or est $19{,}662$, on aura le volume total de la plaque en divisant $20{,}6451$ par $19{,}662$: le résultat est $1{,}05$ ou 1 décim. cube 50 centim. cubes.

En divisant $1{,}05$ par $(0{,}35 \times 0{,}20)$ on aura $0{,}015$, c'est-à-dire 15 millimètres pour l'épaisseur demandée.

17. En faisant la différence de $3{,}236$ à $207{,}206$ on trouve $203^k{,}970$ pour le poids réel du mercure. Si l'on divise $203{,}970$ par le poids spécifique $13{,}598$ du mercure, on obtient 15 c'est-à-dire 15 décimètres cubes pour le volume demandé.

18. La première partie étant un cylindre de 2 mètres 30 de diamètre et 2 mètres 50 de longueur, aura pour volume (d'après la formule indiquée dans la *Géométrie*, n° 182, page 266), $3{,}1416 \times \overline{1{,}15}^2 \times 2{,}50 = 10{,}386915$. La seconde partie étant une demi-sphère aura pour volume la moitié du résultat de l'expression $\frac{4}{3} \, 3{,}1416 \times 1{,}15^3$. En effectuant le calcul, et en divisant le résultat par 2, on trouve $3{,}185321$. En faisant la somme des deux nombres $10{,}386915$ et $3{,}185321$, on trouve $13{,}572236$ ou 13 mètres cubes, 572 décim. cubes, 236 centim. cubes pour la capacité demandée.

19. La surface de la sphère s'obtenant d'après la formule $4 \pi R^2$, si l'on divise 2 mètres carrés 60 décim. carrés par 4π, le résultat égalera le carré du rayon : il sera alors facile de trouver ce rayon.

En divisant $2{,}60$ par 4 fois $3{,}1416$ ou par $12{,}5664$, on trouve $0{,}2069$; ce nombre exprime le carré du rayon. La racine carrée de $0{,}2069$ ou $0{,}45$ est le rayon de la sphère.

20. Nous avons dit (*Géométrie*, n° 207) que la formule qui exprime la surface de la zone est 2π R. H; donc, on obtiendra la surface d'une zone en multipliant 3,1416 par 2, ce qui donne 6,2832, ce dernier nombre par le rayon 636,62 de la terre, ce qui donne 4000,0107; enfin, ce dernier nombre par la hauteur 52,65 de la zone : on trouve 210600 myriamètres carrés 56. La surface totale demandée est donc 210600,56 $\times$ 2 ou 421201 myriamètres carrés.

21. Le volume demandé s'obtiendra d'après la formule π R^2. H. En remplaçant, dans cette formule, chaque lettre par sa valeur numérique respective, on a l'expression 3,1416 $\times$ (0,21)^2 $\times$ 0,90; et en affectant les calculs indiqués, on trouve 0,124690 ou 124 décim. cubes, 690 centim. cubes pour la capacité du cylindre.

22. Nous avons ici à déterminer le volume d'un cône tronqué. D'après le n° 193 (*Géométrie*), nous voyons que ce volume s'obtiendra par la formule $\frac{1}{3} \pi$ H $\times$ (R^2 + r^2 + Rr). Remplaçant chaque lettre par sa valeur respective, on obtient l'expression $\frac{1}{3}$ 3,1416 $\times$ 2,50 $\times$ (1,30)^2 + (1,55)^2 + 1,30 + 1,55 (1), et en effectuant les calculs indiqués on trouve 16 mètres cubes, 277 décim. cubes, 415 centim. cubes pour le volume du liquide que cette cuve peut contenir.

23. Le résultat 7854 hectolitres est égal à la valeur numérique de l'expression π R^2 H, qui exprime le volume d'un cylindre. Nous connaissons la hauteur 2,50 et la valeur 3,1416. En effectuant le produit de 3,1416 par 2,50 on trouve 7,854.

Convertissant 7854 hectolitres en kilolitres, on trouve 785 kil. 400; divisant ce dernier nombre par 7,854, on obtient 100 pour R^2 ou le carré du rayon, d'où on tire $\sqrt{100} = 10$ pour R et 10 $\times$ 2 = 20, c'est-à-dire 20 mètres pour le diamètre.

24. Le volume demandé est égal à la moitié de celui d'une sphère de 55 centimètres de diamètre. Faisant usage de la for-

---

(1) C'est-à-dire qu'il faut multiplier le tiers du produit de $\pi \times$ H par le résultat qu'on obtient en faisant la somme des carrés (1,30)^2 et (1,55)^2 augmentés du produit de 1,30 par 1,55.

mule $\frac{\pi\,D^3}{6}$, on a $\frac{3,1416\times(0,55)^3}{6}$, qui égale 0,087114, et dont la moitié est 0,043557. L'huile contenue dans le vase est égale à 43 décimètres cubes 557 centimètres cubes ou 43 litres 557 millièmes.

Quant au poids, on l'obtient en multipliant 43,557 par le poids spécifique 0,9153 de l'huile.

On a donc $0,9153 \times 43,557 = 39,8677221$ ou 39 kilogrammes 868 grammes, à moins d'un demi-kilogramme près.

25. Le volume d'étain à employer étant de 6 décimètres cubes 150 centimètre cubes, nous aurons le poids de la statuette en multipliant 6,150 par 7,291, qui est le poids spécifique de l'étain. On a donc $7,291 \times 6,150 = 44,83965$, c'est-à-dire 44 kilogrammes 840 grammes à moins d'un demi-gramme près.

26. Pour déterminer le volume de la sphère, on divise le poids 123 kilogrammes 653 grammes par 7,207 (poids spécifique de la fonte); on obtient 17,1573, c'est-à-dire 17 centimètres cubes 157 centimètres cubes. Nous connaissons le volume de la sphère, et nous savons qu'il est exprimé par la formule $\frac{\pi\,D^3}{6}$; donc $\frac{\pi\,D^3}{6} = 17,1573$ et $\pi\,D^3 = 17,1573 \times 6 = 102,9438$. Divisons par 6 la valeur de π dans chaque membre de l'égalité $\pi\,D^3 = 102,9438$, on obtient $D^3 = \frac{102,9438}{39,1413} = 32,767952$. La racine cubique de 32,767952 donne le diamètre ou 3,19; enfin la moitié de 3,19 égale 1,59 ou 1 décimètre 59 centimètres pour le rayon de la sphère.

27. La capacité du vase est égale à $\overline{0,28^2} \times 3,1416 \times 1,04 = 0,256153497$ ou 256 décimètres cubes 153 centimètres cubes. L'eau ne s'élevant qu'aux trois quarts dans le vase, le volume de ce liquide est égal aux $\frac{3}{4}$ de la capacité du vase, c'est-à-dire à $\frac{0,256153497 \times 3}{4} = 0,192115122$ ou 192 décimètres cubes, 115 centimètres cubes, 122 millimètres cubes.

28. Un cube de 35 centimètres de côté est égal à $0,35 \times 0,35 \times 0,35 = 0,042875$ ou 42 décim. cubes 875 centimètres cubes. Il s'agit de trouver le diamètre d'une sphère de 42 décimètres cubes, 875 centimètres cubes de volume. D'après les opérations relatives au problème 26 qui précède, le diamètre s'obtiendra par la formule $D = \sqrt[3]{\dfrac{6\,V}{\pi}}$ (V exprimant le volume). Remplaçant chaque lettre de cette formule par sa valeur respective, on a D. $= \sqrt[3]{\dfrac{6 \times 0{,}04287}{3{,}1416}}$, et en effectuant les calculs, on trouve que le diamètre égale 0,43 ou 43 centimètres.

29. Nous aurons le volume du cône d'après la formule $\frac{1}{3}\,\pi\,R^2$. H. En remplaçant chaque lettre par sa valeur, on a $\frac{1}{3}\,3{,}1416 \times (0{,}14)^2 \times 0{,}64 = 0{,}013136$ ou 13 décimètres cubes 136 cent. cubes. Maintenant nous cherchons le diamètre de la base d'un cylindre de 13 décimètres 136 centimètres de volume et de 64 centimètres de hauteur. La formule qui exprima le volume du cylindre étant $\pi.\,R^2\,H$, on aura la valeur du carré du rayon par l'expression $R^2 = \frac{0{,}013136}{0{,}64 \times 3{,}1416}$, car, puisque, $3{,}1416 \times R^2 \times 0{,}60 = 0{,}013136$, en supprimant dans le premier membre de l'égalité les facteurs 3,1416 et 0,60, il faut les faire figurer dans le second avec des fonctions contraires, c'est-à-dire les faire entrer comme diviseurs. (Voir notre *Cours d'Algébre*, page 100.) On a donc $R^2 = \frac{0{,}013136}{0{,}64 \times 3{,}1416}$, et en effectuant les calculs on trouve $R^2 = 0{,}0065$, d'où l'on tire $R = \sqrt{0{,}0065} = 0{,}08$, et par conséquent le diamètre égalera $0{,}08 \times 2 = 0{,}16$ ou 16 centimètres.

30. Il nous importe peu de connaître le volume total du cylindre, il suffit de savoir que le volume demandé est égal à celui d'un cylindre de 34 centimètres de haut sur 30 centimètres de diamètre.

D'après la formule $\pi\,R^2\,H$, nous obtenons l'expression $3{,}1416 \times (0{,}15)^2 \times 0{,}34$; et en effectuant les calculs indiqués, nous trouvons 0,02403324 ou 24 décim. cubes, 33 centim. cubes pour le volume de la statue.

Le poids s'obtiendra en multipliant 0,024033 par 7,291, qui est le poids spécifique de l'argent fondu; on trouve alors 0,175224603 ou 175 kilogrammes 225 grammes pour le poids demandé.

31. La chaudière, ayant 5 mètres 50 pour plus grande longueur, aura pour la longueur de la partie cylindrique 5,50 moins deux fois le rayon des parties sphériques, ou moins le diamètre $0,76$; on a donc $5,50 - 0,76 = 4,74$ pour cette longueur. Il s'agit maintenant de déterminer le volume d'un cylindre de $4,74$ de long sur $0,76$ de diamètre, et le volume de deux demi-sphères ou d'une sphère de $0,76$ de diamètre.

1° Le volume du cylindre est égal à $3,1416 \times (0,38)^2 \times 4,74$ ou à $2,1502869$, c'est-à-dire 2 mètres cubes 150 décim. cubes, 287 centim. cubes.

2° Le volume de la sphère égalera $\dfrac{3,1416 \times (0,76)^3}{6}$ ou 229 décim. cubes 848 centim. cubes.

Enfin, le volume demandé égalera $2,150287 + 0,229848$ ou $2,380135$, c'est-à-dire 2 mètres cubes 380 décim. cubes.

32. Pour déterminer la hauteur du cône, on observe que cette hauteur est l'un des côtés d'un triangle rectangle dont l'autre côté est la moitié de la base ou $\dfrac{1,30}{2} = 0,65$. Nous connaissons l'hypoténuse $1,80$ de ce triangle; nous pouvons donc, (en vertu du théorème IV, *Géom.*, page 116) déterminer la hauteur h au moyen de l'égalité $h^2 = (1,80)^2 - (0,65)^2$; d'où, en effectuant les calculs indiqués, $h^2 = 28,175$ et $h = \sqrt{28,175} = 1,67$. La hauteur du cône étant de 1 mètre 67, pour avoir le volume de ce cône on emploie la formule $V = \frac{1}{3} \pi R^2 \times H$. En remplaçant certaines lettres par leur valeur respective, on a $V = \dfrac{3,1416 \times (0,65)^2 \times 1,67}{3}$ et en effectuant les calculs indiqués, on obtient $0,738878$, c'est-à-dire 738 décimètres cubes, 878 centim. cubes pour le volume du cône. Le poids de ce corps égalera $0,738878 \times 2,717 = 2,007531$ ou 2 kilogrammes 7 grammes.

33. Nous avons ici à déterminer le volume d'un cylindre de 48 mètres de diamètre et de 20 mètres de hauteur, et celui d'un cône de 48 mètres de diamètre et de (29 mètres 50 cent. moins 20 mètres) ou 9 mètres 50 de hauteur.

1° Pour le cylindre on aura $3,1416 \times (24)^2 \times 20 = 36191,232$ ou 36191 mètres cubes 232 décim. cubes.

2º Pour le cône on aura $\dfrac{3,1416 \times (24)^2 \times 9,50}{3} = 5730,278$ ou 5730 mètres cubes 278 décim. cubes.

Enfin, le volume d'air demandé égale $36191,232 + 5730,278 = 41921,510$ ou 41921 mètres cubes 510 décim. cubes.

34. Le lingot aura pour volume $0,21 \times 0,015 \times 0,025 = 0,00007875$, c'est-à-dire 78 centim. cubes, 750 millim. cubes. On obtiendra la nouvelle longueur du lingot en divisant $0,00007875$ par $0,032 + 0,007$, ce qui donne $0,351$, c'est-à-dire 351 millimètres. Enfin, le poids du lingot égalera $0,07875$ (en prenant le décimètre cube pour unité) multiplié par $11,352$, qui est le poids spécifique du plomb. Le nombre $0,89397$ ou 894 grammes, qu'on obtient en effectuant la multiplication, exprime le poids du lingot.

35. L'eau ne s'élevant qu'aux trois quarts des 30 centimètres de la hauteur, s'élève en réalité à 225 millimètres.

Après l'immersion, l'eau s'est élevée à 48 millimètres au-dessus du niveau primitif, on a donc 48 millimètres pour la hauteur réelle du volume d'eau déplacée; et, comme on connaît la longueur et la largeur du vase, nous avons alors à déterminer la quantité de liquide qui pourrait emplir un vase de 30 centim. carrés de base sur une hauteur égale à 48 millimètres pour obtenir le volume de l'eau déplacée, et par suite celui de la statue dont il est question.

36. D'après les dimensions données au problème 10, nous avons trouvé que le volume de la terre est égal à 1080 millions de myriamètres cubes environ. En admettant l'exactitude de ce nombre, on obtiendra la longueur de l'arête du cube équivalent en extrayant la racine cubique de 1080 millions de myriamètres cubes, ce qui donne 10 myriamètres 259 mètres.

37. Il faut d'abord chercher le volume d'un obus de 335 millimètres de rayon, ou de 670 millimètres de diamètre. Ce volume s'obtiendra par la formule indiquée dans la *géométrie*, page 278, nº 203. On aura à effectuer les calculs indiqués par l'expression $3,1416 \times (0,670)^3$. En effectuant le calcul on trouve

$0,1574795068$, c'est-à-dire 157 décimètres cubes 479 centimètres cubes 506 millimètres cubes 8 dixièmes. Du résultat $0,1574795068$ il faut retrancher le volume de la sphère du vide intérieur qui a $0,670$ — 2 fois l'épaisseur $0,030$ ou $(0,670 — 0,060) = 0,610$ ou 610 millimètres de diamètre.

Ainsi le volume de la sphère du vide s'obtiendra par l'expression $\dfrac{3,1416 \times 0,610^3}{6}$. En effectuant les opérations indiquées dans l'expression qui précède, on trouve que le volume de la sphère du vide égale $0,0167058016$ ou 16 décimètres cubes 705 centimètres cubes 801 millimètres cubes, 6 dixièmes.

Faisant la différence des deux résultats on a $0,1574795068$ — $0,016705802 = 0,1407737052$, c'est-à-dire 140 décimètres cubes 773 centimètres cubes 705 millimètres cubes pour le volume de la fonte de l'obus.

Du résultat $0,1407737052$ il faut retrancher le volume du vide formant l'ouverture circulaire de 30 millimètres de profondeur sur 23 millimètres de diamètre moyen. On a donc à déterminer le volume d'un cylindre de 30 millimètres de haut sur 32 millimètres de base. La formule de ce volume étant $\pi R^2 \times H$, on a $3,1416 \times \overline{(0,016^2)} \times 0,030 = 0,000024127488$.

En retranchant $0,000024127$ de $0,019893624$, on trouve $0,019869497$, ou 19 décimètres cubes 869 centimètres cubes 496 millimètres cubes pour le volume de la fonte.

Enfin, le poids de l'obus égalera $0,019869496 \times 7,207 = 0,143199457672$, ou 143 kilogrammes 199 grammes (à moins d'un gramme près).

38. Le fer de la grille pesant 584 kilog. 100 grammes, et le poids spécifique du décimètre cube de fer en barre étant de 7 kilog. 788, en divisant $584,100$ par $7,788$ on trouve 75 décimètres cubes pour le volume demandé.

39. Le volume de la sphère dont il est question, s'obtient en effectuant les calculs indiqués dans l'expression $\dfrac{(0,30)^3 \times 3,1416}{6}$; on trouve $0,0141372$, c'est-à-dire 14 décimètres cubes 137 centimètres cubes 2 dixièmes.

Le poids est égal à $0,0141372 \times 8,788 = 0,1242377$, ou

124 kilogrammes 238 grammes; comme le diamètre, après la dorure, a augmenté de 2 millimètres, on obtient le nouveau volume en effectuant les opérations indiquées dans l'expression

$$\frac{(0,302)^3 \times 3,1416}{6} = 0,0144218331488,$$ c'est-à-dire 14 décimètres cubes 421 centimètres cubes 833 millièmes;

Faisant la différence du 1er au 2me volume, on trouve $0,0144218331488 - 0,0141372 = 0,000284633$, ou 284 centimètres cubes 633 millièmes (à moins d'un millimètre cube près).

Le volume de l'or déposé sur la sphère par la dorure est donc égal à 0,000284633, et le poids de cet or se déterminera en multipliant 0,000284633 par 19,662 (poids spécifique de l'or). On trouve 0,005596454, c'est-à-dire 5 kilogrammes 596 grammes 454 milligrammes.

Enfin, le poids total de la sphère dorée égalera $0,124238 + 0,005596454 = 0,129834454$, ou 129 kilogrammes 834 grammes 454 milligrammes.

40. Nous savons qu'un décimètre cube de verre pèse 2 kilogrammes 488 grammes; donc si l'on divise 248 kilogrammes 800 grammes par 2 kilogrammes, 488 grammes, le quotient exprimera le volume demandé. On a donc $\frac{248,800}{2,488} = 100$, c'est-à-dire 100 décimètres cubes pour le volume demandé.

SOLUTIONS RAISONNÉES

SECONDE PARTIE.

DÉVELOPPEMENTS SUR DIFFÉRENTS SUJETS DE GÉOMÉTRIE.

—

CHAPITRE I.

§ I. — TRONC DE PRISME. — DÉMONSTRATIONS ET PROBLÈMES.

Pour compléter ce que nous avons dit sur les *polyèdres*, nous ajouterons quelques mots relatifs au *tronc de prisme*.

On nomme *tronc de prisme* la portion de polyèdre qui résulte de la section faite par un plan sécant non parallèle à la base. Voici quelques théorèmes qui n'appartiennent pas à la géométrie élémentaire, mais qui sont d'un grand usage pour résoudre certains problèmes qui peuvent se présenter dans la pratique.

Le volume d'un prisme triangulaire tronqué par un plan incliné à la base est égal à la somme de trois pyramides ayant toutes même base que le prisme et ayant respectivement pour sommets les trois sommets supérieurs du tronc (fig. 51).

DÉMONSTRATION. — Soit le prisme triangulaire ABCDEF tronqué par un plan DEF incliné à la base ABC; je dis que le volume de ce tronc de prisme est égal à la somme de trois pyramides ayant toutes même base ABC et ayant respectivement pour sommets les trois sommets D, E, F du tronc ABCDEF :

En effet, par les trois sommets A, E, B faisons passer un plan, il détachera du tronc une première pyramide AEBC qui aura pour base ABC et pour sommet le point E. Il reste une pyramide quadrangulaire ADFBE que l'on peut décomposer en deux pyramides triangulaires ABFE et ADFE au moyen d'un plan conduit suivant les trois sommets A, E, F.

La pyramide ABFE, considérée comme ayant pour base le triangle ABF, ne changera pas de volume si l'on suppose que le sommet E soit transporté en C, car EC étant parallèle au plan ABF, ce point B est à la même distance de la base ABF que le point E. Ainsi, la pyramide ABFE est équivalente à la pyramide AFBC, laquelle peut être considérée comme ayant pour base ABC et pour sommet le point F.

La troisième pyramide ADFE peut être considérée comme ayant son sommet en C, et deviendra la pyramide ADFC, laquelle peut être considérée comme ayant pour base le triangle CAD et pour sommet le point F. En déplaçant le sommet F suivant l'arête FB parallèle à la base CAD, son volume ne changera pas, et si on la considère comme ayant le sommet en B, elle deviendra la pyramide CADB, qui peut être considérée comme ayant pour base ABC et pour sommet le point D. Donc le tronc ABCDEF est bien égal à la somme de trois pyramides qui ont pour base commune ABC et pour sommets les points D, E, F. (C. Q. F. D.)

En représentant par H, H', H'' les hauteurs respectives des trois pyramides, par B la base commune et par T le tronc du prisme, on aura :

$$T = \tfrac{1}{3} B \times H + \tfrac{1}{3} B \times H' + \tfrac{1}{3} B \times H''$$
$$= \tfrac{1}{3} B \times (H + H' + H'')$$

Ainsi, *la valeur d'un tronc de prisme droit est égal au tiers de sa valeur multiplié par la somme de ses trois arêtes*, car si le tronc ABCDEF provient d'un prisme droit, les trois arêtes seront perpendiculaires au plan de la base ABC, et ne seront autre chose que les hauteurs H, H', H'' des trois pyramides; on aura donc :

$$T = \tfrac{1}{3} ABC (AD + BE + CF).$$

OBSERVATION. — Nous avons donné (*Géom.*, *Th.* XX, chap. II) une démonstration particulière relative au premier cas des angles dont le sommet est sur la circonférence; nous avons appuyé notre démonstration sur la théorie des parallèles et l'égalité des angles correspondants et opposés au sommet. Voici, pour ce même cas, une autre démonstration qui s'appuie sur d'autres propriétés relatives aux angles d'un triangle isocèle :

Soit l'angle ABC, formée par une corde AB et un diamètre BC; je dis que l'angle ABC a pour mesure la moitié de l'arc AC compris entre ses côtés :

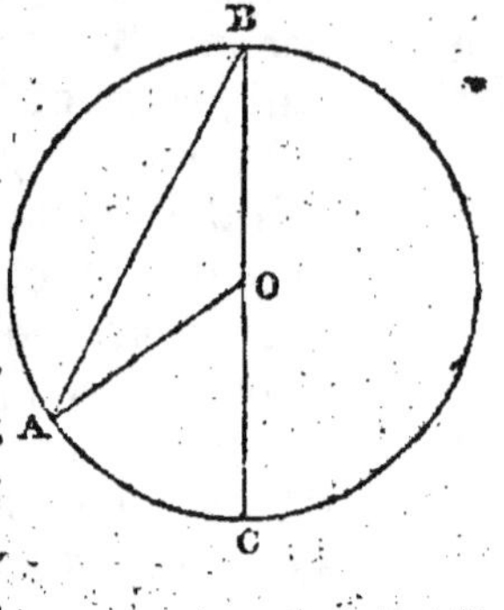

En effet, du centre O menons le rayon OA, nous formons le triangle isocèle AOB, dans lequel l'angle A égale l'angle B ; les angles A et B sont respectivement le supplément de l'angle AOB (n° 53), et AOC est aussi le supplément du même angle AOB : donc l'angle extérieur AOC = (BAO + ABO). Comme A = B, on peut écrire AOC = 2 (ABC).

Comme l'angle AOC a le sommet situé au centre du cercle, il a pour mesure l'arc AC, d'où l'on peu voir que ABC, moitié de AOC, a pour mesure la moitié de l'arc AC. (*C. Q. F. D.*)

Voici une autre démonstration du *Th.* XXI (même chapitre que le précédent); cette démonstration est appuyée sur la valeur des trois angles d'un triangle et sur celle des suppléments des angles.

Soit l'angle intérieur ABC; je dis que cet angle a pour mesure la moitié de l'arc AC compris entre ses côtés, plus la moitié de l'arc DE compris entre les prolongements de ces mêmes côtés :

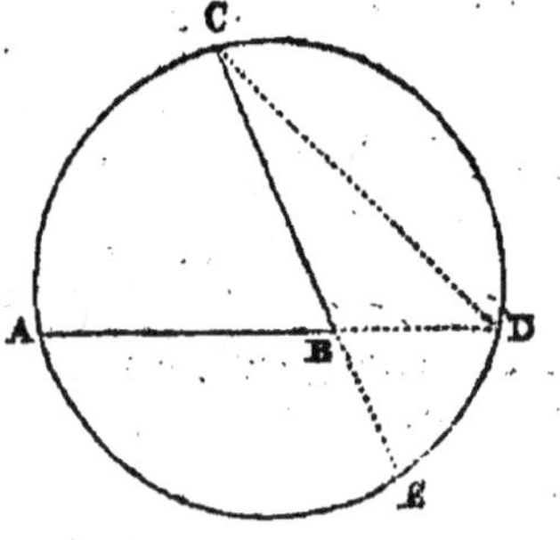

En effet, menons la corde CD, l'angle ABC, extérieur au triangle CBD, est égal à la somme des angles C et D (puisque l'angle ABC est le supplément de l'angle CBD, et que les trois angles d'un triangle valent deux droits). Mais l'angle C a pour mesure la moitié de l'arc DE, et l'angle D a pour mesure la moitié de AC : donc l'angle ABC, qui est égal aux deux précédents, a pour mesure la moitié de l'arc AC, plus la moitié de l'arc DE. (*C. Q. F. D.*)

Le *Th.* XXII, chapitre II, peut encore se démontrer de la manière suivante :

Soit l'angle extérieur ABC; je dis que cet angle a pour me-

sure la moitié de AC moins la moitié
de DE :

En effet, du point D menons la
ligne DA; les angles B et A du triangle ADB forment le supplément de
l'angle ADC. Mais l'angle B égale
l'angle ADC diminué de l'angle A.
Comme l'angle ADC a pour mesure la
moitié de l'arc AC, et que l'angle A a
pour mesure la moitié de l'arc DE, il
en résulte que l'angle ABC a pour
mesure la moitié de l'arc AC moins la
moitié de l'arc DE. (C. Q. F. D.)

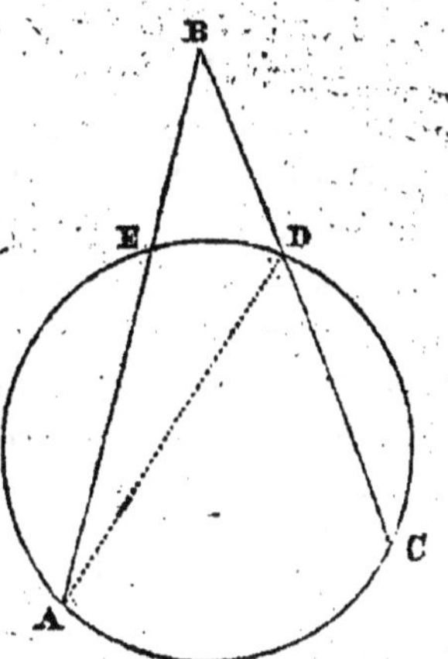

OBSERVATION. — Nous allons présenter ici deux problèmes
d'un certain intérêt avec les démonstrations qui y sont relatives. Il existe plusieurs démonstrations de ces problèmes; nous
n'indiquerons que celles qui nous ont paru les plus simples.

Ier PROBLÈME. — *Déterminer la surface d'un triangle par la
connaissance de la longueur des trois côtés* (fig. 52).

Solution. — Soit le triangle ABC dans lequel nous représentons respectivement par a, b, c, les trois côtés BC, AC, AB, et
par p le demi-contour $\dfrac{a+b+c}{2}$; nous prolongeons les côtés AC
ou b, BC ou a, et nous menons les trois droites AK, BK, AH.
Divisons respectivement en deux parties égales BAL, ABM, CAB,
puis nous abaisserons les perpendiculaires KL, KD, KM, HF,
HG, HI, sur les trois côtés du triangle ABC. Les triangles ALK
et ADK d'une part, BDK et BMK de l'autre, seront égaux, comme
ayant deux angles égaux et un côté commun; ils seront donc
égaux dans toutes leurs parties, et l'on aura AL=AD, KL=KD,
BD=BM, KM=KD, d'où l'on conclura l'égalité des trois droites
KL, KD, KM; les triangles CLK, CMK seront aussi égaux, comme
ayant un angle égal et deux côtés égaux, et l'on aura CL=CM,
et l'angle KCL égal à l'angle KCM; les triangles AHI, AHF d'une
part, CFH, CGH de l'autre, seront encore égaux comme ayant
deux angles égaux et un côté commun; il en résultera :
AF=AI, HI=HF, CF=CG, et HF=HG; les droites HG et HI

seront donc aussi égales, et les triangles BHG, BHI étant égaux comme ayant un angle égal et deux côtés égaux, on aura BG=BI. Le contour du triangle ABC se composera de six parties AI, AF; CF, CG; BG, BI égales 2 à 2; et trois inégales d'entre elles, formant nécessairement le demi-contour, on aura : $p=$ AF$+$BG$+$CG$=$AF$+a$, d'où AF$=p-a$, et $p=$CF$+$AI $+$BI$=$CF$+c$, d'où CF$=p-c$; mais on a aussi CL$+$CM ou 2 CL$=$AC$+$BC$+$AL$+$BM$=b+a+$AD$+$BD$=b+a+c=2\,p$, donc CL$=p$ et AL ou CL$-$AC$=p-b$.

Maintenant, la surface du triangle ABC se composera de la somme des trois triangles AHC, CHB, BHA qui vaut $\dfrac{\text{HF}\,(a+b+c)}{2}$ ou HF$\times p$; mais les triangles CFH, CLK d'une part, AFH, ALK de l'autre, étant semblables, les deux premiers comme ayant leurs angles égaux, et les deux autres comme ayant leurs côtés perpendiculaires, fourniront, par la comparaison de leurs côtés correspondants, les égalités $\dfrac{\text{HF}}{\text{CF}}=\dfrac{\text{KL}}{\text{CL}}$, ou $\dfrac{\text{HF}}{p-c}=\dfrac{\text{KL}}{p}$, et $\dfrac{\text{HF}}{\text{AF}}=\dfrac{\text{AL}}{\text{KL}}$, ou $\dfrac{\text{HF}}{p-a}=\dfrac{p-b}{\text{KL}}$, qui, multipliées entr'elles, donneront : $\dfrac{\overline{\text{HF}}^2}{(p-a)\,(p-c)}=\dfrac{p-b}{p}$, ou en multipliant de part et d'autre par p^2, $\dfrac{\overline{\text{HF}}^2\times p^2}{(p-a)\,(p-c)}=p\,(p-b)$, d'où l'on déduit : $\overline{\text{HF}}^2\times p^2=p\,(p-a)\,(p-b)\,(p-c)$, et en extrayant les racines carrées, surface ABC$=$HF$\times p=\sqrt{p(p-a)\,(p-b)\,(p-c)}$, comme on l'avait annoncé. Supposons, par exemple, que dans le triangle ABC, construit à l'échelle d'un millimètre pour mètre, les longueurs des trois côtés soient : $a=27^{\text{m}}$, $b=35^{\text{m}}$, et $c=30^{\text{m}}$, on aura : $p=\dfrac{27+35+30}{2}=46^{\text{m}}$, $p-a=19^{\text{m}}$, $p-b=11^{\text{m}}$, $p-c=16^{\text{m}}$, et la surface du triangle sera exprimé par $\sqrt{46\times19\times11\times16}=\sqrt{153824}=392^{\text{mc}},\,20$.

2ᵉ PROBLÈME. — *Trouver l'aire d'une surface limitée par une ligne courbe.*

Solution. — La surface comprise entre une portion de courbe et une ligne droite peut s'obtenir avec un assez grand degré d'exactitude, en la décomposant en un nombre pair de trapèzes de même hauteur, et en se servant de la formule dont voici l'explication :

Soient $a'\,d'\,g'\,g\,a$ la surface à mesurer qu'on suppose remplacée par six trapèzes, dont les hauteurs ab, bc, etc., sont égales ; si l'on considère la portion de cette surface comprise entre deux perpendiculaires de rang impair consécutives cc' et ee', et représentée à part sur une plus grande échelle (fig. 53bis), cette portion de surface aura pour mesure $\frac{1}{2}\,cd\,(cc'+dd')+\frac{1}{2}\,de\,(dd'+ee')$ ou $\frac{1}{2}\,cd\,(cc'+2\,dd'+ee')$, puisque $de=cd$; mais on obtiendrait évidemment une valeur plus approchée de la surface $cc'd'e'e$ si on remplaçait les deux trapèzes $cc'd'd$ et $dd'e'e$ par trois trapèzes $cc'm'm$, $mm'n'n$, $nn'e'e$, d'égale largeur, et dont la somme des surfaces serait évidemment représentée par $\frac{1}{2}\,cm\,(cc'+mm')+\frac{1}{2}\,mn\,(mm'+nn')+\frac{1}{2}\,ne\,(nn'+ee')$, ou $\frac{1}{2}\,cd$ $(cc'+2\,mm'+2\,nn'+ee')$, puisque $\frac{1}{2}\,cm=\frac{1}{2}\,mn=\frac{1}{2}\,ne=\frac{1}{2}\,ce$ $=\frac{1}{3}\,cd$.

Or, pour s'éviter la peine de tracer les nouvelles perpendiculaires mm', nn' et pour obtenir néanmoins une approximation égale et même supérieure, on remarquera que la corde $m'n'$ vient couper la perpendiculaire intermédiaire dd' en un point o, tel que l'on a $od=\frac{1}{2}\,(mm'+nn')$ ou $4\,od=2\,mm'+2\,nn'$, et qu'ainsi la valeur de la portion de surface $cc'm'n'e'e$ devient simplement $\frac{1}{3}\,cd\,(cc'+4\,od+ee')$, ou en remplaçant od par dd', $\frac{1}{3}\,cd\,(cc'+4\,dd'+ee')$. A la vérité, dd' étant un peu plus grand que od, la valeur de cette dernière expression surpassera la somme des trois trapèzes rectilignes ; mais la surface de ces trois trapèzes étant inférieure à la surface curviligne qu'ils remplacent, il s'établira une sorte de compensation qui augmentera le degré d'approximation obtenu.

On aura de même, pour les deux autres parties de la surface à mesurer (fig. 53) $aa'c'c=\frac{1}{3}\,cd\,(aa'+4\,bb'+cc')$ et $ee'g'g$ $=\frac{1}{3}\,cd\,(ee'+4\,ff'+gg')$; d'où il suit que la mesure définitive de la surface totale $aa'd'g'g$ aura pour expression la formule $\frac{1}{3}\,cd\,(aa'+4\,bb'+cc'+cc'+4\,dd'+ee'+ee'+4\,ff'+gg')$ ou enfin $\frac{1}{3}\,cd\,[aa'+gg'+4\,(bb'+dd'+ff')+2\,(cc'+ee')]$, c'est-à-dire *le tiers du produit qu'on obtient en multipliant, par la dis-*

tance entre deux perpendiculaires consécutives, la somme des perpendiculaires extrêmes, augmentée de deux fois celle des autres perpendiculaires de rang impair, et de 4 fois celle des perpendiculaires de rang pair.

§ II. — NOTIONS GÉNÉRALES SUR LA TRIGONOMÉTRIE.

Dans notre *Répertoire général du Géomètre-Arpenteur*, nous avons donné un précis de *trigonométrie rectiligne*; nous allons simplement ici présenter quelques définitions relatives aux *lignes trigonométriques*.

La *trigonométrie* est la partie de la géométrie qui enseigne à résoudre les triangles en déterminant leurs côtés et leurs angles au moyen d'un certain nombre de données suffisant.

On divise la trigonométrie en deux parties : 1° la *trigonométrie rectiligne*; — 2° la *trigonométrie sphérique*.

1° La *trigonométrie rectiligne* a pour objet la résolution des triangles rectilignes; — 2° la *trigonométrie sphérique* s'occupe de la résolution des triangles sphériques, c'est-à-dire des triangles formés sur la surface d'une sphère. Nous ne parlerons ici que de ce qui est relatif à la *trigonométrie rectiligne*.

Dans un triangle rectiligne, on distingue six éléments : trois côtés et trois angles. Résoudre un triangle, c'est calculer la valeur numérique des éléments inconnus quand on possède un nombre de données suffisant, c'est-à-dire qu'il faut au moins trois parties connues dont l'une soit un côté (1) : dans ce cas, le triangle est déterminé.

Pour résoudre un triangle, on cherche la relation qui existe entre les côtés d'un triangle quelconque et certaines lignes particulières qui substituées aux angles les représentent et les font connaître. Ces sortes de lignes sont appelées *lignes trigonométriques*, et elles ne sont point proportionnelles aux angles, quoiqu'elles croissent et décroissent en même temps que les angles aigus qu'elles représentent ou en même temps que les arcs qui mesurent ces angles.

---

(1) Si l'on ne connaissait que les angles, il ne serait possible de satisfaire à une question de résolution qu'en construisant des triangles semblables.

Dans le calcul, on exprime indistinctement les arcs et les angles par des nombres de degrés, minutes et secondes. Ainsi, l'on désigne l'angle droit ou quadrant par 90 degrés (quand la circonférence a été partagée en 360 parties égales). Le degré se partage en 60 minutes, et la minute est subdivisée en 60 secondes. Les parties de la circonférence moindres que la seconde sont exprimées en fraction décimale de la seconde.

On représente les degrés, minutes et secondes respectivement par les signes °, ', ". Ainsi, 50°27'15" est un nombre qui s'énonce 50 degrés 27 minutes 15 secondes.

Le *complément* d'un angle ou d'un arc est ce qui manque à cet angle ou à cet arc pour valoir 90° (1). On nomme *supplément* d'un angle ou d'un arc ce qui manque à cet angle ou à cet arc pour valoir 180°. Pour généraliser, nous dirons que si n exprime un angle ou un arc quelconque, l'expression $90° - n$ est le complément de l'angle dont il est question, et $180° - n$ sera l'expression du supplément de ce même angle.

Quand deux angles d'un triangle ont une somme égale à 90°, ils sont le complément l'un de l'autre. Enfin, dans tout triangle, un angle est le supplément de la somme des deux autres, car on sait que la somme des trois angles d'un triangle rectiligne égale 180 degrés.

Examinons maintenant les *lignes trigonométriques* dont on fait usage en trigonométrie.

On nomme *sinus droit* ou simplement *sinus* d'un arc AC (*fig.* 54), ou de l'angle AOC mesuré par cet arc, la perpendiculaire CD abaissée de l'extrémité C de de l'arc AC sur le rayon AO qui passe par l'autre extrémité A. Si l'on prolonge CD jusqu'à la rencontre de la circonférence en E, on aura, à cause de OA perpendiculaire sur la corde CE, sinus CD = DE; d'où l'on voit que le sinus d'un arc est la moitié de la corde d'un arc double.

La tangente d'un arc est une ligne droite AI perpendiculaire à l'extrémité A du rayon OA, et terminée en I par la rencontre du prolongement du rayon qui passe par l'autre extrémité C de l'arc.

---

(1) Si l'angle ou l'arc était plus grand que 90°, son complément serait négatif. Ainsi le complément d'un angle de 160°40' est 70°40'; d'où l'on voit que le complément pris positivement est la quantité qu'il faut retrancher de l'arc donné pour que le reste puisse égaler 90°.

On appelle *sécante* d'un arc la ligne OI qui est un rayon passant par l'extrémité C de l'arc AC et qui se trouve prolongé jusqu'à sa rencontre en I avec la tangente AI.

On appelle *sinus-verse* la partie AD du rayon AO compris entre le sinus et l'extrémité A de l'arc AC. Supposons que l'arc AH est égal à 90°, la perpendiculaire CG sera le sinus de l'arc CH, complément de l'arc CA; CH est le sinus-verse, HT la tangente et OT la sécante du même complément. Ces dernières lignes s'appellent encore, la première CG, le *cosinus*; la seconde GH, le *cosinus-verse*; la troisième HT, la *cotangente*; la quatrième OT, la *cosécante* de l'arc AC ou de l'angle AOC.

Pour exprimer d'une manière abrégée les différentes dénominations qui précèdent, on emploie SIN. pour désigner *sinus*, SIN. V. pour *sinus-verse*, TANG. pour *tangente*, SÉC. pour *sécante*, COS. pour *cosinus*, COS. V. pour *cosinus-verse*, COT. pour *cotangente*, COSÉC. pour *cosécante*, R. pour *rayon* ou *sinus total*.

REMARQUE. — Comme CG est parallèle à OA, on a CG = DO. Tout ce qu'on dira du *sinus*, du *cosinus*, de la *tangente*, de la *cotangente*, de la *sécante* et de la *co-sécante* d'un arc, devra s'entendre également de l'angle mesuré par cet arc et réciproquement.

1ᵉʳ THÉORÈME. — *Le cosinus CG d'un arc quelconque CA est égal à la partie OD du rayon comprise entre le centre et le sinus.*

Démonstration. — La ligne CG = DO comme lignes comprises entre parallèles. Cette ligne CG est encore égale au rayon AO, moins le sinus verse AD.

2ᵐᵉ THÉORÈME. — *Le sinus verse AD est égal à la différence entre le rayon et le cosinus.*

Démonstration. — Le sinus verse AD est égal au rayon AO, moins le cosinus CG ou DO.

3ᵐᵉ THÉORÈME. — *Le sinus est égal à la différence du rayon avec le cosinus verse.*

Démonstration. — On comprend facilement qu'à mesure que l'arc AC ou l'angle AOC augmente, son sinus CD augmente et son cosinus CG ou DO diminue jusqu'à ce que l'arc AC soit devenu 90 degrés : alors le sinus CD devient égal à HO, c'est-à-dire au rayon, et le cosinus est zéro, car le point C tombant est H, la perpendiculaire CG devient zéro. Quand l'arc AC augmente, la tangente AI augmente, et la cotangente TH diminue de manière qu'à 90° la tangente est infinie et que la cotangente est zéro.

Nous indiquons ailleurs les intéressantes applications des principes de la *trigonométrie rectiligne*; nous avons donné dans ce paragraphe la définition des lignes dont nous faisons usage pour résoudre les triangles rectilignes et trois des principaux théorèmes qui sont relatifs à cette résolution.

§ III. — NOTIONS GÉNÉRALES SUR LES PROJECTIONS.

La *projection* d'un point sur un plan est le pied de la perpendiculaire abaissée de ce point sur le plan. Ainsi, du point C (fig. 55) de la droite RS si l'on tire CD perpendiculaire au plan M, le point D (pied de cette perpendiculaire) est la projection du point C sur ce plan.

On obtient la projection d'une droite sur un plan en réunissant les projections de deux de ses points. Ainsi, en abaissant des points C et G de la droite RS deux perpendiculaires sur le plan M, la droite DH qui joint leurs pieds, est la projection de la droite RS sur le plan M.

La projection d'un polygone sur un plan s'obtient en abaissant des perpendiculaires de tous les sommets de ce polygone sur le plan et en réunissant leurs pieds. Ainsi (fig. 56), un polygone ABCDE a pour projection sur un plan M le polygone *abcde*. On comprend qu'une ligne courbe quelconque a pour projection la ligne qui réunit sur un plan les pieds des perpendiculaires abaissées de différents points de la courbe sur le plan. On aura soin de prendre des points en quantité suffisante pour que la courbe projetée sur le plan puisse être tracée avec régularité.

Quant à un corps solide quelconque, on comprendra que, comme ce corps est limité par des surfaces qui elles-mêmes sont limitées par des lignes droites ou courbes, la projection de ce corps sur un plan n'est autre chose que la réunion des projections de ses limites sur ce plan.

Le dessin géométrique d'un objet est sa projection sur un plan; on distingue des *plans de projection horizontaux* et des *plans de projection verticaux.* Quand le plan de projection est horizontal, le dessin de l'objet se nomme *projection horizontale, plan par terre* ou simplement *plan.* Si le plan est vertical, le dessin s'appelle *projection verticale* ou *élévation ;* cette dernière est de face ou latérale, suivant la manière dont l'objet est présenté devant le plan de projection.

Pour donner une idée complète de l'objet mis en projection, il suffit d'examiner le *plan* et l'*élévation* de cet objet ; souvent il est nécessaire de joindre au plan deux élévations.

Quand les limites extérieures de l'objet cachent des parties intérieures dont le dessin doit donner connaissance, il faut ajouter au *plan* et *élévation* une ou plusieurs *coupes,* c'est-à-dire des figures qui représentent les faces de l'objet mises à découvert à l'aide de sections planes comme le feraient des traits de scie.

Il faut remarquer que les diverses parties de l'objet situées d'un même côté du plan coupant sont ordinairement projetées sur ce plan.

Nous allons examiner quelques exemples de la projection de certains objets, afin de donner l'idée de cette partie de la *Géométrie descriptive.*

Considérons la surface ABCD parallèle au plan vertical à projeter.

Nous savons que les lignes qui partent d'un point quelconque d'un corps et qui ont leur pied sur un des plans de projection, sont toutes supposées perpendiculaires à un plan, et sont par conséquent parallèles entre elles.

On projette d'abord les points A et B en *a* et *b,* puis en

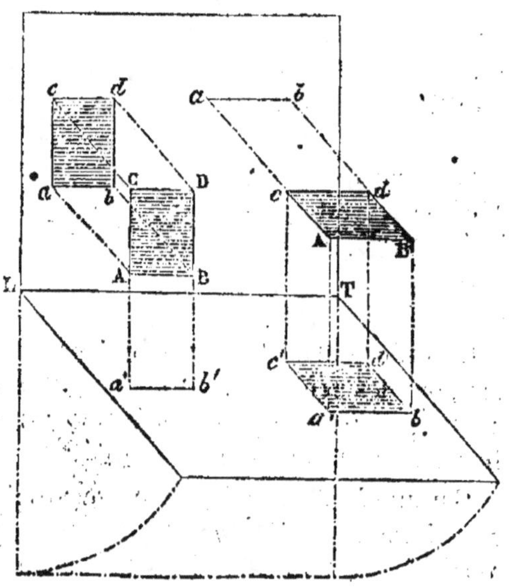

a' et b'; on projette ensuite les points C et D en c et d sur le plan vertical. Sur le plan horizontal on remarque que la surface ABCD, qui est perpendiculaire au plan horizontal, a les côtés AB et CD qui se projettent horizontalement suivant la même droite $a'b'$, tandis que, si l'on unit les quatre points a, b, c, d, on obtient la projection verticale. Réciproquement, lorsque la surface donnée est parallèle au plan horizontal, la projection verticale de cette surface est une ligne droite ab parallèle à la ligne de terre, et sa projection horizontale est le rectangle $a'b'c'd'$.

Soit maintenant un solide ABCDEFGH ayant les arêtes AE, BF, GC, HD perpendiculaires au plan vertical de projection.

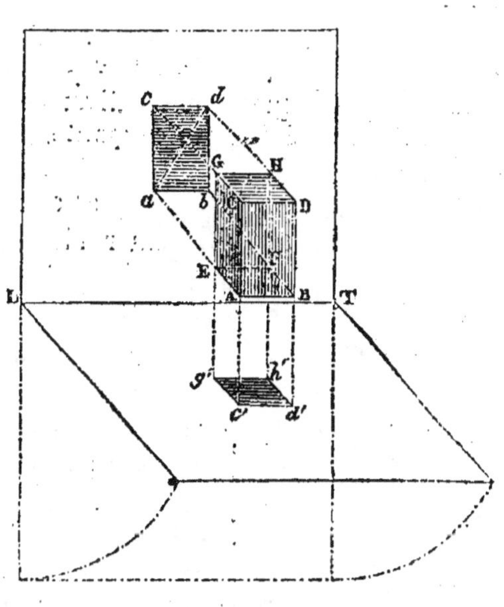

On peut facilement voir que les arêtes se projettent sur le plan vertical chacune en un point, et sur le plan horizontal en véritable grandeur suivant des parallèles à elles-mêmes, de telle sorte que le solide ABCDEF... est projeté verticalement suivant le rectangle $abcd$.

Ce qui vient d'être dit pour les arêtes AE, BF, peut se répéter pour les arêtes AC, BD, EG, FH par rapport au plan horizontal : d'où l'on voit que le solide ABEFCD... a pour projection horizontale le rectangle $c'd'g'h'$.

Comme la diagonale AD du rectangle ABCD se projette horizontalement en $c'd'$ et en vraie grandeur en ad sur le plan vertical, si l'on considère la diagonale AH du solide, cette ligne sera projetée horizontalement et verticalement en raccourci selon les deux lignes $c'h'$, ad; on l'obtiendra en véritable grandeur en observant que cette diagonale est l'hypoténuse d'un triangle rectangle qui a pour projection $c'h'$ et ad ou les côtés de l'angle droit.

REMARQUE. — Les lignes d'opération sont représentées par des lignes ponctuées, et les lignes des arêtes qui ne sont pas apparentes, sont indiquées par une suite de points longs.

Quand on veut dessiner des projections, on trace en premier lieu la ligne de terre; mais quand la feuille est destinée à recevoir un grand nombre de figures, on ne mène pas cette ligne, mais on la suppose exister par la pensée entre les projections horizontale et verticale.

Pour terminer ce paragraphe, nous allons examiner la projection du *cylindre*, d'une *surface annulaire* et d'une *sphère*.

1° *Projection d'un cylindre droit connaissant la hauteur* H *et le rayon* R *de sa base.*

SOLUTION. — On décrit du point C', avec une ouverture R de compas, une circonférence qui sera la projection horizontale du cylindre. On abaisse du centre une perpendiculaire C'C sur la ligne de terre, et l'on mène par les extrémités A' B' du diamètre A' B' des tangentes parallèles à C' C'; on porte sur leur prolongement de A en A″ et de B en B″ la hauteur H; on joint A″ B″ : le rectangle ABB″A″ sera la projection verticale du cylindre.

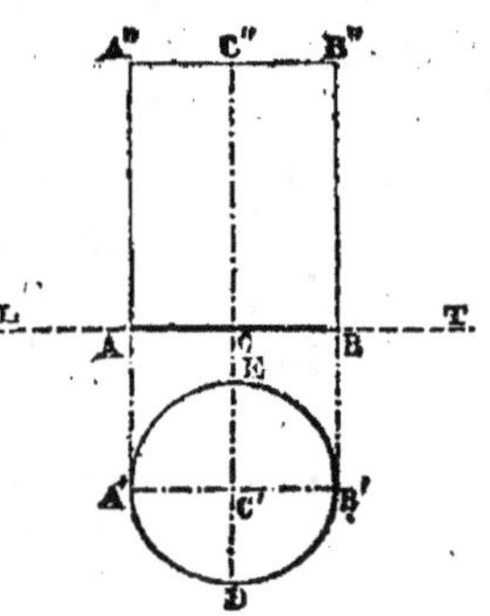

2° *Projection d'une surface annulaire ayant pour génératrice une circonférence d'un rayon* R.

SOLUTION. — Du point C', pris sur le plan horizontal, on décrit deux circonférences concentriques, la première étant distante de la seconde d'un intervalle égal au diamètre de la circonférence génératrice. On reporte les points A', B' dans le plan vertical au moyen des tangentes AA', BB', etc., puis on

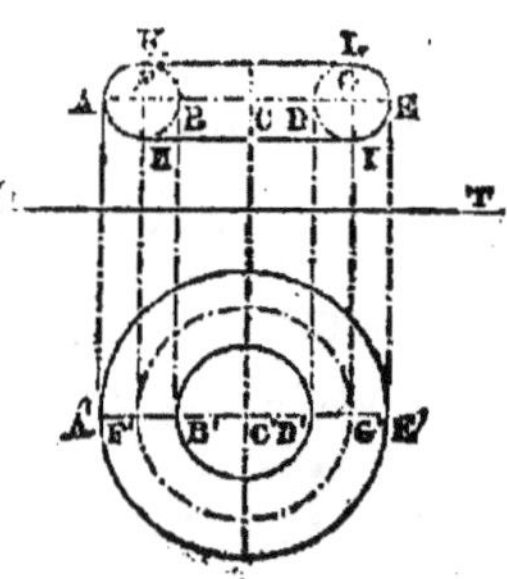

trace par A une parallèle à la ligne de terre, et on limite cette ligne aux points A et E. On décrit ensuite les circonférences F, G, et l'on mène les tangentes HI, KL : la figure ainsi obtenue est la projection verticale de l'anneau dont il est question.

3° *Projection d'une spère d'un rayon donné.*

SOLUTION.—On trace la ligne de terre, et au-dessous de cette ligne on décrit une circonférence d'un rayon R donné ; du centre C′, on abaisse C′C sur LT, et d'un point C de cette droite, pris pour centre avec le même rayon; on décrit un cercle dans le plan vertical. La première circonférence, dont le centre est C′, sera la projection horizontale de la sphère, et celle qui a pour centre C, tracée sur le plan vertical, en sera la projection verticale. Les deux lignes A′A, B′B, menées des extrémités

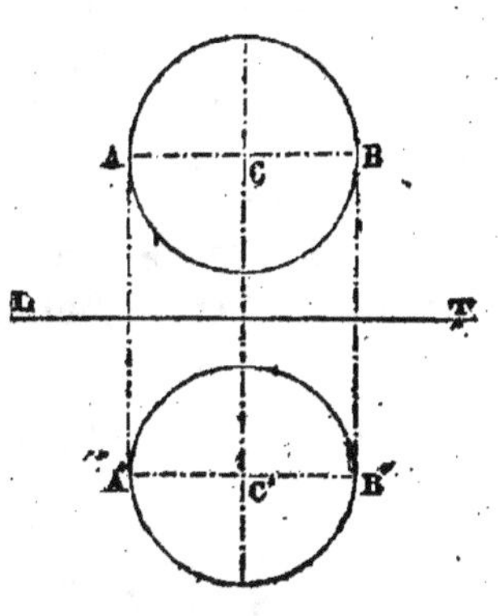

d'un diamètre perpendiculairement à la ligne de terre, sont parallèles entre elles et à l'axe C′C, et elles aboutissent aux extrémités A et B, d'un diamètre parallèle à LT.

Nous avons défini ce qu'on entend par *grand cercle* et par *petit cercle* de la sphère. Ces cercles sont employés lorsqu'on veut désigner ou tracer sur des globes ou des cartes la position d'un point quelconque, pris à la surface de la terre. Pour déterminer ainsi la position des points de la sphère, on imagine une suite de méridiens ou grands cercles, dont le premier CEDF, passe en France par l'Observatoire de Paris, et en Angleterre par celui de Greenwich.

Dans les autres contrées, ou chez certains peuples, les géographes adoptent l'un ou l'autre de ces méridiens, ou un troisième qui passe par l'*île de Fer*, située dans la mer qui sépare l'Amérique de l'Europe et de l'Afrique.

On nomme *équateur* un grand

cercle AEBF, dont le plan est perpendiculaire à celui du premier méridien.

Les méridiens dont nous venons de parler, et qu'on nomme *degrés de longitude*, divisent l'équateur en 360°, du couchant au levant, à partir du point E, où il coupe le *premier méridien*. On appelle *degrés de latitude* les petits cercles dont les plans sont parallèles à celui de l'équateur, et qui sont tous divisés en 90°, à partir du point E.

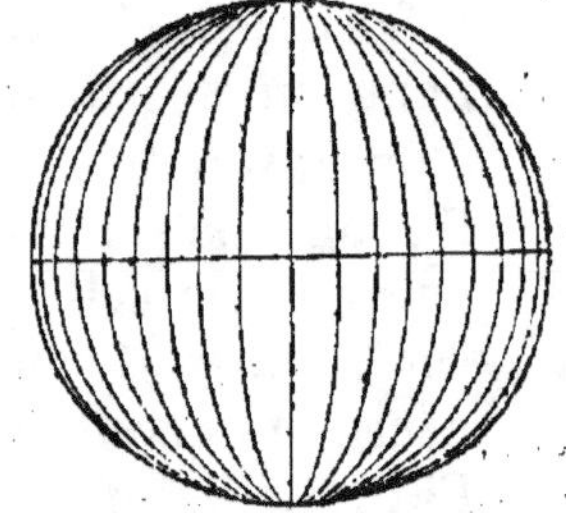

On peut facilement concevoir comment, avec des cerceaux égaux, maintenus à des distances fixes les uns des autres par d'autres cercles parallèles et de diamètres différents, on obtiendrait la forme exacte d'une sphère divisée comme nous l'avons indiqué plus haut.

§ IV. — NOTIONS GÉNÉRALES SUR LA PERSPECTIVE.

On nomme *perspective* l'art de représenter sur des surfaces *planes*, *courbes*, *cylindriques* et même *hémisphériques* les différents objets tels qu'ils se présentent à la vue, en tenant compte de leurs positions relatives et de leurs dimensions.

Comme nous supposons que les divers lecteurs qui lisent cet ouvrage, possèdent les notions indispensables du dessin linéaire, nous nous dispenserons de parler des *angles*, des *plans*, etc.; mais nous commencerons par expliquer certains termes dont on fait un fréquent usage en perspective.

LIGNE DE TERRE. — La *ligne de terre* est l'intersection AB (fig. 57) du plan du tableau avec le plan horizontal de projection.

LIGNE D'HORIZON. — La *ligne d'horizon* CD est une ligne parallèle à la ligne de terre; cette ligne d'horizon est tout à fait arbitraire : elle est placée dans le tableau suivant le goût du dessinateur.

LIGNE FUYANTE. — On appelle *ligne fuyante* toute ligne qui se dirige de la ligne de terre à la ligne d'horizon, telle est AP.

POINT DE VUE. — Le *point de vue* est un point particulier qui ne peut se trouver que sur la ligne d'horizon située dans le tableau ou même prolongée au dehors de ce tableau. Il est déterminé par le rayon visuel partant de l'œil du spectateur. Tel est le point P. Au point de vue viennent aboutir toutes les lignes fuyantes et perpendiculaires à la ligne de terre.

POINT ACCIDENTEL. — On donne le nom de *point accidentel* à tout point situé dans le cadre ou en dehors du cadre et auquel viennent aboutir des lignes qui ne passent pas par le point de vue, et qui ne sont ni perpendiculaires ni diagonales.

POINT DE DISTANCE. — Le *point de distance* est un point particulier qui permet de distinguer convenablement les objets qui se présentent à la vue. Pour avoir l'image régulière d'un corps, il faut être au moins éloigné à trois fois la grandeur de cet objet.

ANGLE OPTIQUE. — On nomme *angle optique* l'angle dont le sommet est à l'œil du spectateur; cet angle doit rester invariable pendant tout le temps employé au dessin, car la moindre déviation peut produire de graves erreurs.

PLAN PERSPECTIF. — Le *plan perspectif* est le dessin que l'on peut obtenir en traçant sur une vitre, avec un crayon gras, le contour des objets que l'on aperçoit devant soi à une certaine distance.

CADRE OU TABLEAU. — En perspective, on donne le nom de *cadre* ou *tableau* aux limites que s'impose lui-même le dessinateur par les dimensions qu'il assigne aux objets à représenter.

PROFONDEUR. — On nomme *profondeur* une étendue quelconque prise de la ligne de terre à la ligne d'horizon; la profondeur se prend toujours sur une ligne fuyante.

ÉLÉVATION. — On donne le nom d'*élévation* à toute droite perpendiculaire à la ligne de terre. Si l'on joint l'extrémité de cette ligne avec le point de vue, on a la dégradation de hauteur de l'objet observé de la ligne de terre jusqu'à l'horizon.

PERSPECTIVE LINÉAIRE. — La perspective peut avoir pour objet de déterminer l'intersection des rayons visuels qui joignent l'œil et les points des corps par le plan du tableau; dans ce cas la perspective prend le nom de *perspective linéaire*.

Comme la *perspective linéaire* est une science mathématique, toutes les opérations qui s'y rapportent sont soumises à des lois qu'il est impossible d'enfreindre sans commettre de graves erreurs.

PERSPECTIVE AÉRIENNE. — Quand on se propose en perspective de trouver la teinte qu'il convient de mettre sur chaque plan du tableau, on a la *perspective aérienne.*

Cette perspective est un art qui demande de l'observation et du goût; toutes les règles qui s'y rapportent sont variables et ne peuvent pas se formuler; la nature est un grand livre ouvert à tous et où l'on peut le mieux étudier.

Voici maintenant les principes fondamentaux de la perspective; nous en avons donné la démonstration dans ce qui est relatif au plan (voir la *Géométrie*):

1° La perspective d'une ligne droite reste droite;

2° Toute droite parallèle au plan du tableau reste parallèle à elle-même en perspective;

3° Une droite qui passe par le pied du spectateur, est verticale en perspective. Quand une droite est perpendiculaire au plan du tableau, sa perspective va passer par le point de vue;

4° Lorsqu'une droite fait avec la ligne de terre un angle de 45°, sa perspective va passer à l'un des deux points de distance.

Le fondement de toute perspective repose sur l'exemple qui suit :

Imaginez qu'entre l'œil et les différents objets que l'on veut représenter on ait placé une glace AB (fig. 58), posée verticalement sur le plan MN. Supposons que l'on veuille représenter sur cette glace un objet RS placé verticalement en un point S du plan MN. L'œil du dessinateur étant en P, tous les rayons partant du point P, et embrassant les divers contours de l'objet, déterminent par leur rencontre avec la glace une empreinte. Si l'empreinte possède une couleur et une ombre précisément aussi intenses que celles de l'objet observé, le dessin figuré sur la glace tiendra lieu de l'objet même et produira sur la rétine de l'œil la même apparence ou la même image : cette image

3.

représentée sur le miroir est ce que l'on nomme une perspective. Ainsi, RS étant l'objet observé du point P et embrassé par les rayons PR, PS, on a une image *rs* représentée sur la glace, et le dessin *rs* est une perspective.

Nous avons défini précédemment les termes suivants :

Cadre, plan géométral, ligne de terre, ligne d'horizon, point de vue et *point de distance*. Nous retrouvons ces différentes parties dans la fig. 59.

La *ligne de terre* AB sépare le tableau du *plan géométral* ABP ; le *tableau* ABDC doit être supposé debout, dressé sur sa base AB verticalement. La *ligne d'horizon* CD est au niveau de l'œil projeté au *point de vue* C, pied de la perpendiculaire abaissée de cet œil sur le tableau ; D est le *point de distance* ; ainsi l'œil est éloigné du tableau de la longueur CD. Il faut donc se représenter que par le point C on a mené en arrière du tableau ABDC une droite qui lui est perpendiculaire (et horizontale), et qu'on a pris sur cette ligne, à partir de C, une distance égale à CD : l'extrémité de cette ligne est, en arrière du tableau, le lieu de l'œil du spectateur, à l'égard des objets P, K, situés du côté opposé en avant du tableau vertical ABDC.

Maintenant nous allons présenter quelques problèmes, afin de donner une idée de la détermination de la perspective des objets et des règles à suivre pour arriver à cette détermination.

1er PROBLÈME. — *Trouver la perspective d'un point donné sur un plan horizontal de projection* (fig. 60).

Solution. — Soit P le point donné ; de ce point on abaisse la perpendiculaire PH sur la ligne de terre AB ; cette ligne étant perpendiculaire au plan du tableau, sa perpendiculaire PH concourra au point de vue C. Du point H on tire la ligne HC, qui va au point de vue C ; on prend HG égale à HP et l'on tire du point G la ligne GD au point de distance opposé : les droites HC, GD se croisent au point E, qui est la perspective de P.

REMARQUE. — Quand l'œil est placé loin du tableau, le point de distance sort du cadre réservé au dessin. Dans ce cas, il ne faut porter de C en D qu'une fraction de la distance de l'œil, le tiers par exemple ; et, d'une autre part, pour mettre en perspective chaque point P de l'horizon, on a soin de ne porter de

H en G que le tiers de la longueur HP. Les droites CH et DG donnent par leur intersection E la perspective de P comme si D eût été réellement le point de distance.

Si l'on reproduit la même construction pour tant de points qu'on veut, situés sur le plan géométral, et si l'on joint les perspectives ainsi obtenues par des droites analogues à celles de la figure proposée, on en aura la perspective. Nous allons terminer ce paragraphe par d'autres problèmes relatifs à cette condition.

2ᵉ Problème. — *Quelle est la perspective d'une droite donnée située sur le plan horizontal de projection ?*

Solution. — On cherche, comme dans le problème qui précède, les perspectives E, F (fig. 61) des extrémités P et K de la ligne PK, et l'on unit les deux points E, F par la droite EF.

3ᵉ Problème. — *Trouver la perspective d'un triangle situé sur le plan horizontal de projection.*

Solution. — On cherche la perspective de chaque sommet A, B, C du triangle donné fig. 62, d'après les problèmes qui précèdent, puis on unit ensuite ces perspectives par des droites.

On agira absolument de la même manière pour mettre en perspective un polygone quelconque.

4ᵉ Problème. — *On propose de mettre un parquet couvert de carrés en perspective sur le plan horizontal de projection.*

Solution. — Soit ABCO le parquet donné (fig. 63). En partant du point A on porte sur DE des longueurs successivement égales au côté des carrés du parquet, et par les points de division on tire des lignes au point de vue D, puis de l'extrémité B on tire une ligne BP au point de distance opposé C : celle-ci coupe les premières en des points par lesquels on mènera des parallèles à la ligne de terre DE, et les carrés ainsi formés seront la perspective demandée.

5ᵉ Problème. — *Trouver la perspective d'un cercle tracé sur l'horizon.*

Solution. — Soit Cl (fig. 64) le cercle donné. On inscrit ce cercle dans un carré ABFG ayant deux côtés AB, FG parallèles à la ligne de terre; on met ce carré en perspective : on a alors un quadrilatère circonscrit à l'ellipse ou cercle demandé, car la courbe cherchée est une ellipse, les contacts sont situés en quatre points connus, et il sera possible de tracer cette courbe. Il est d'ailleurs facile de trouver autant d'autres points qu'on le veut, en mettant en perspective quelques autres diamètres IK par le problème II.

6º **Problème.** — *On propose de mettre un cube en perspective parallèlement au tableau.*

Solution. — On fait le carré *abcd* (fig. 65), qui est la perspective de la face antérieure du cube; des quatre angles du carré on mène des lignes au point de vue D, puis de *a* et *c* on mène des droites au point de distance C : ces dernières couperont les premières en *f* et *e*; par ces points on tire les horizontales *fi, eh,* etc., et l'on obtient le cube demandé.

Pour terminer ce que nous avons à dire sur la perspective, nous parlerons des *anamorphoses.*

La perspective a pour objet, ainsi que nous l'avons dit, de représenter les objets tels que, vus d'un point déterminé, ils produisent sur la rétine de l'œil l'image des objets observés.

Notre conception recevant des images pareilles quand elles sont fournies par l'objet ou par cette représentation, nous éprouvons souvent de la difficulté pour les distinguer, ou plutôt nous jouissons d'une ressemblance obtenue par les soins de l'art : telle est la source indéfinissable du plaisir intellectuel que nous éprouvons à la vue de toute perspective bien entendue et bien raisonnée.

Mais si l'œil du spectateur n'est pas placé au point de vue, le cône produit par les lignes menées des extrémités de l'objet à l'œil change de figure et ne produit pas sur la rétine de l'œil une figure semblable à celle de l'objet même; tel est l'effet désagréable de la figure informe et grotesque que l'on éprouve quand l'œil se trouve placé dans une position différente du point de vue : on donne à cette représentation le nom d'*anamorphose* (fig. 66).

Hachette dit que la plupart de ceux qui se livrent à l'étude de la perspective ne considérant que le tracé d'un dessin perspectif que comme un simple problème de géométrie, ils n'ont point égard aux positions respectives des objets, de l'œil et du tableau. Souvent, ils placent l'œil du spectateur tellement près du tableau que la perspective, quoique construite par les règles de la géométrie, paraît fautive ; elle l'est réellement dans ce sens qu'un objet placé à la même distance du spectateur ne lui présenterait qu'une image confuse. Il y a encore confusion dans l'image quand le spectateur ne se place pas au point de vue pour lequel le tableau a été fait ; on voit ordinairement des dessins fort irréguliers, dans les cabinets de physique où l'on fait des expériences qui ont pour objet d'inspirer au spectateur de la crainte et de l'étonnement. Ces dessins, vus de face sur les parois du mur, ne présentent qu'une difformité choquante ; mais si l'on regarde par une petite ouverture à travers une planchette ou un carton placé d'équerre sur le mur, la difformité se change un un objet qui produit une surprise agréable.

Cette perspective, qui n'est pas construite pour un point de vue placé sur la perpendiculaire élevée par son centre, se nomme *anamorphose*; les contours en sont tracés par les règles ordinaires. Pour cela, on place un petit dessin, bien exécuté, dans un plan perpendiculaire à la face du pied du mur et très-près de ce mur ; on regarde ce dessin comme la base d'un cône optique dont l'intersection, par le plan du mur, détermine la perspective appelée *anamorphose*.

Les rayons visuels de cette perspective étant très-inclinés par rapport au tableau, elle paraît difforme et très-irrégulière aux observateurs qui ne sont pas prévenus que l'on s'est éloigné des règles ordinaires pour le placement du point de vue et qui le cherchent à une certaine distance du mur en face du tableau.

Quelquefois on réunit dans un même cadre une perspective ordinaire vue de face et deux perspectives anamorphoses vues de côté. Cette espèce de tableau se compose de lames étroites de formes rectangulaires, placées à angle droit sur un plan. La première perspective est dessinée sur ce plan pour un point de vue situé sur la perpendiculaire, au milieu du tableau. Chacune des deux autres perspectives est tracée pour un point de vue placé à droite ou à gauche du premier, de manière qu'un petit mouvement de tête amène l'œil dans une position convenable pour voir successivement les trois objets différents du même tableau.

On distingue principalement deux sortes d'*anamorphoses* : 1° les *directes*, — 2° les *réfléchies*.

Les *anamorphoses directes* se construisent comme les perspectives ordinaires ; les *anamorphoses réfléchies* doivent être vues par réflexion ; elles sont tracées sur un carton qu'on suppose éclairé. Les rayons de lumière qui partent du contour de chaque figure, se réfléchissent sur un miroir pour arriver à l'œil du spectateur. L'image régulière qui se réfléchit sur le miroir détermine la figure irrégulière qu'on doit tracer sur le carton. Les miroirs dont on se sert ordinairement dans les cours d'optique pour produire ces phénomènes sont ou *cylindriques*, ou *coniques*, ou *pyramidaux*.

Une perspective étant donnée sur un tableau-plan, on considère le point de vue de ce tableau comme le sommet d'un cône optique qui a pour base le dessin perspectif. L'intersection de ce cône et de la surface du miroir doit produire sur l'œil le même effet que le dessin perspectif. Or, chaque rayon visuel se réfléchit sur le miroir en faisant l'angle d'incidence égal à l'angle de réflexion ; donc, la suite des rayons réfléchis, d'après cette loi, forme une surface dont l'intersection par le plan sur lequel le miroir est posé donne la *perspective anamorphose réfléchie*. Les rayons de lumière qui partiront des points de cette perspective, se réfléchiront sur l'œil du spectateur et produiront la même image que le dessin perspectif vu directement.

Cette construction, quoique peu intéressante pour les arts, et qui n'est qu'un jeu de l'optique, est une opération de perspective, puisque, pour ramener l'anamorphose à un état de ressemblance de l'objet qui a donné lieu à ce dessin défiguré, il faut, ainsi qu'on vient de le dire, dresser un plan vertical à la feuille du dessin ; sur ce plan, qui n'est autre chose qu'un carton fort, il faut percer un trou qui réponde verticalement au-dessus du point V, à la distance VS du bord inférieur : l'œil placé derrière le plan vertical, en regardant par le trou, apercevra le dessin sous une forme régulière et en parfaite ressemblance avec la figure d'où sont émanées les formes grotesques de l'anamorphose.

Nous ne pouvons pas en dire davantage sur les *anamorphoses* ; nous renvoyons nos lecteurs à notre ouvrage intitulé : Récréations scientifiques, faisant partie de la Petite Bibliothèque des Classes primaires.

CHAPITRE II.

§ I. — EXPLICATION DE QUELQUES FOMULES GÉOMÉTRIQUES.

Observation. — Nous allons donner, dans ce chapitre, l'explication de toutes les formules que nous avons employées dans nos *Leçons normales de Géométrie;* nous en ajouterons quelques-unes dont on fait également usage pour certaines opérations.

Chaque formule, qui va suivre, aura son explication ou développement placé immédiatement après elle; il sera bon d'exercer les élèves à donner ainsi l'explication d'une formule quelconque.

1° Formules relatives aux lignes.

Pour obtenir la *longueur d'une circonférence quelconque,* on emploie la formule $circ = \pi\, D$ (π représente le rapport $3'1416$ de la circonférence au diomètre, et D représente le diamètre).

Explication. — On multiplie la valeur de π par la longeur exprimée par D.

Pour obtenir la *longueur d'un diamètre quelconque,* on a la formule $D = \dfrac{circ}{\pi}$.

Expl. — Le diamètre D égale la longueur donnée de la circonférence *circ* divisée par la valeur de π.

Pour obtenir le rayon R d'un cercle dont on connaît la corde et par suite la demi-corde c et la flèche f, on a $R = \dfrac{c^2 + f^2}{2\,f}$.

Expl. — Le rayon R est égal au carré c^2 de la demi-corde augmenté du carré de la flèche f^2, le tout divisé par 2 fois la flèche f.

2° Formules relatives aux angles.

Pour obtenir la valeur de l'angle au centre d'un polygone quelconque, on a $\dfrac{4\,(180°)}{n}$.

Expl. — La valeur de l'angle au centre s'obtient en divisant 4 fois 180 degrés par le nombre n de côtés du polygone.

Pour obtenir la valeur de l'angle du sommet d'un polygone

régulier quelconque exprimée en angle droit et fraction d'angle droit, on a $\dfrac{2\,(n-2)}{2}$.

Expl. — La valeur de l'angle est égale à 2 fois (le nombre de côtés moins 2), le tout divisé par 2.

3° **Formules relatives aux surfaces planes.**

TRIANGLE.—La surface d'un triangle s'exprime par la formule $S = \dfrac{B \times H}{2}$ (B étant la base et H la hauteur).

Expl. — La surface d'un triangle quelconque égale le produit de la base B par la hauteur H, et le tout divisé par 2.

La surface d'un triangle par la connaissance de la longueur des côtés s'exprime par $S = \sqrt{\dfrac{p}{2}\left(\dfrac{p}{2}-a\right)\left(\dfrac{p}{2}-b\right)\left(\dfrac{p}{2}-c\right)}$, en représentant par a, b, c la longueur respective des trois côtés et par $\dfrac{p}{2}$ la demi-somme de ces trois côtés.

Expl. — On obtient la surface du triangle dont on connaît la longueur des trois côtés, en faisant la somme des trois côtés et en prenant la moitié de cette somme, ce qui donne $\dfrac{p}{2}$. On retranche successivement de la moitié $\dfrac{p}{2}$ la somme de chacun des trois côtés, et l'on multiplie les trois résultats l'un par l'autre; on multiplie ce nouveau résultat par la demi-somme $\dfrac{p}{2}$; enfin, du dernier produit on extrait la racine carrée.

TRAPÈZE. — La surface d'un trapèze s'exprime par $S = H \times \dfrac{B+B'}{2}$ en représentant la hauteur par H et les deux bases par B et B'.

Expl. — La surface d'un trapèze est égale au produit de la hauteur H par la moitié de la somme des deux bases B et B'.

PARALLÉLOGRAMME. — On exprime la surface du parallélogramme par $S = B \times H$, en désignant la base par B et la hauteur par H.

Expl. — La surface du parallélogramme est égale au produit de la base B par la hauteur H.

Polygone régulier quelconque. — La surface d'un polygone régulier quelconque s'exprime par $S = \dfrac{c \times n \times a}{2}$, en représentant l'un des côtés par c, le nombre de ceux-ci par n, et l'apothème par a. Comme $c \times n$ exprime le côté répété autant de fois qu'il y en a dans le polygone, $c \times n$ est le périmètre du polygone considéré. En remplaçant $c \times n$ par P on a $\dfrac{P \times a}{2}$.

Expl. — La surface d'un polygone régulier quelconque est égale à la moitié du produit du périmètre par son apothème.

Cercle. — On exprime la surface du cercle par $S = \pi R^2$ en désignant le rapport de la circonférence au diamètre par π et le carré du rayon par R^2.

Expl. — La surface du cercle est égale au produit de π par le carré R^2 du rayon.

4° Formules relatives aux surfaces des polyèdres.

Prisme. — On exprime la surface latérale d'un prisme au moyen de la formule $S = P \times H$, en représentant la surface par S, le périmètre de la base par P et la hauteur par H.

Expl. — La surface égale le périmètre P multiplié par la hauteur H.

Pyramide. — La formule de la surface latérale d'une pyramide régulière s'exprime par $S = P \times \dfrac{A}{2}$, en désignant le périmètre de la base par P et l'apothème par A.

Expl. — La surface égale le périmètre multiplié par la moitié de l'apothème A.

Cylindre. — La formule qui exprime la surface latérale du cylindre est $S = C \times H$ en désignant la circonférence de la base ou $2R\pi$ par C, et la hauteur par H.

Expl. — La surface égale la circonférence C multipliée par la hauteur H.

Cône. — On exprime la surface latérale du cône par $S = \frac{1}{2} C \times a$ en représentant la circonférence de la base par C et la longueur du côté par a.

Expl. — La surface égale la moitié du produit de la circonférence de la base par la longueur du côté a.

SPHÈRE. — La formule de la surface de la sphère s'exprime par $S = \pi D^2$, en désignant le diamètre par D.

Expl. — La surface égale le produit de $3{,}1416$ par le carré du diamètre D.

5° **Formules relatives aux volumes**.

PARALLÉLIPIPÈDE. — On exprime le volume d'un parallélipipède quelconque par $V = a.b.c$ en représentant respectivement ses trois dimensions par a, b, c.

Expl. — Le volume est égal au produit de a (longueur) par b (largeur) et par c (épaisseur).

REMARQUE. — La formule $V = a.b.c$ peut être changée en $V = B \times H$ en exprimant la base $a.b$ par B et c par H.

PRISME. — La formule du volume du prisme est la même que celle du volume du parallélipipède.

PYRAMIDE. — Le volume de la pyramide s'exprime par $V = \frac{1}{3} B \times H$.

Expl. — Le volume de la pyramide est égal au tiers du produit de la base par la hauteur.

PYRAMIDE TRONQUÉE. — La formule de la pyramide tronquée est $V = \frac{1}{3} H (B + B' + \sqrt{B.B'})$.

Expl. — Le volume V est égal au tiers du produit de la hauteur H par la somme de ses deux bases B et B' et de la racine carrée de la base B multipliée par la base B'.

CYLINDRE DROIT. — La formule qui exprime le volume du cylindre droit est $V = \pi R^2 \times H$.

Expl. — On multiplie le rapport $3{,}1416$ par le carré du rayon R, puis le résultat par la hauteur H.

CÔNE. — On exprime le volume du cône par $V = \frac{1}{3} \pi R^2 \times H$.

Expl. — C'est-à-dire que le volume du cône est égal au tiers du produit de $3{,}1416$ par le carré du rayon R et par la hauteur H.

CÔNE TRONQUÉ DROIT A BASES PARALLÈLES. — La formule qui exprime le volume du cône tronqué droit ou tronc de cône est

$V = \frac{1}{3} \pi H (R^2 + r^2 + R r)$ en représentant respectivement les rayons des bases du tronc par R et r, la hauteur par H, la surface de la base inférieure par πR^2 et celle de la base supérieure par πr^2.

Expl. — Le volume est égal au produit du tiers de 3,1416 par la hauteur H multiplié enfin par (la somme du carré du grand rayon R, plus le carré du petit rayon r, plus le produit du grand rayon par le petit).

SPHÈRE. — On exprime le volume de la sphère par l'expression $V = \frac{1}{6} \pi D^3$.

Expl. — Le volume de la sphère est égal au sixième du produit de 3,1416 par le cube du diamètre.

SEGMENT SPHÉRIQUE. — La formule qui exprime le volume du segment sphérique est $V = \frac{1}{6} \pi H^3 + \frac{1}{2} H (B + B')$.

Expl. — C'est-à-dire que le volume $V =$ le sixième de 3,1416 multiplié par le cube de la hauteur H, plus la moitié de cette hauteur ou $\frac{1}{2}$ H, le tout multiplié par une base B augmentée de l'autre B'.

REMARQUE. — Quand le segment n'a qu'une base, on multiplie la base par la moitié de la hauteur.

POLYÈDRE RÉGULIER. — La formule qui exprime le volume du polyèdre régulier est $V = \dfrac{nFR}{3}$ ou $n F \times \dfrac{R}{3}$, en désignant par F l'une des faces et par R le rayon de la sphère inscrite.

Expl. — Le volume est égal au tiers du produit de la surface totale des faces par le rayon de la sphère inscrite.

§ II. — DÉVELOPPEMENTS ET CONSTRUCTIONS DES POLYÈDRES (1).

OBSERVATION. — Pour faire saisir convenablement la théorie des polyèdres, il est nécessaire de posséder sous les yeux le relief de ces corps; par ce moyen on peut avoir une idée précise de leurs formes et de leurs sections par des plans, avantages

---

(1) MM. les professeurs feront bien de dicter à leurs élèves ce paragraphe; ils pourront même exiger que chaque élève construise une collection de polyèdres en relief; cet exercice les familiarisera avec l'usage et la forme des solides dont ils ont souvent à s'occuper dans les applications des principes de géométrie.

que ne sauraient offrir les figures planes, qui rendent toujours l'étude tout à la fois longue et difficile, comme on le reconnait par expérience quand on enseigne cette partie de la géométrie dans l'espace.

Dans nos *Leçons normales de Géométrie*, nous avons défini ce qu'on entend par *plans* ; nous allons résumer en quelques lignes ce qui a été développé dans l'ouvrage qui est entre les mains des élèves.

Le *plan* est une surface qui a deux dimensions : la *longueur* et la *largeur*. On distingue deux sortes de surfaces : 1° les *surfaces planes*, — 2° les *surfaces non planes*.

1° Les *surfaces planes* peuvent recevoir une règle bien droite, cette dernière peut s'y appliquer exactement dans les différents sens : telle est la surface d'une glace, le dessus de la table d'un billard, etc.

2° Les *surfaces non planes* sont celles sur lesquelles il n'est pas possible de pouvoir appliquer exactement, dans tous les sens, une ligne droite. Parmi ces dernières surfaces, on distingue la surface d'une colonne, d'une boule, etc.

ANGLES DIÈDRES. — On nomme *angles dièdres* les angles formés par la rencontre de deux plans qui se rencontrent sous une certaine direction. Les côtés de l'angle dièdre sont des plans indéfinis appelés *faces* ; on nomme *sommet* de l'angle dièdre l'intersection des faces et cette intersection s'appelle *aréte*.

ANGLES POLYÈDRES. — Les *angles polyèdres* ou *solides* sont des angles formés par la rencontre de plusieurs plans. On nomme *sommet* le point déterminé par la rencontre des plans ; les *faces* sont les plans qui composent l'angle polyèdre ; enfin, les intersections de ces faces deux à deux sont les *arétes* de l'angle polyèdre.

Relativement au nombre des faces de l'angle d'un polyèdre, on nomme *trièdre* l'angle qui a trois faces, *tétraèdre* celui qui en a quatre, *pentaèdre*, hexaèdre, heptaèdre et en général angle polyèdre, l'angle qui a cinq, six, sept ou un nombre quelconque de faces.

Nous avons démontré dans notre ouvrage de géométrie que la somme des angles plans qui peuvent déterminer un angle polyèdre est moindre que quatre angles droits ; nous avons conclu qu'il ne peut exister que cinq polyèdres réguliers dont trois ont des triangles équilatéraux pour faces, un qui a des carrés pour faces, et un dont les faces sont des pentagones réguliers.

On a pu voir que trois angles d'un triangle équilatéral font un angle polyèdre régulier, car chaque angle d'un triangle équilatéral valant 60 degrés, les trois angles qui forment l'angle polyèdre, valent seulement trois fois 60° ou 180°, nombre moindre que quatre angles droits ou 360°. En réunissant trois des angles du triangle équilatéral, on a un *angle trièdre régulier*.

En prenant quatre angles de triangle équilatéral, on peut former un angle polyèdre, puisque les quatre angles plans qui composent cet angle polyèdre valent quatre fois 60 degrés ou 240°, nombre moindre que quatre angles droits. On voit donc que quatre des angles dont nous parlons font un *angle tétraèdre régulier*.

Si l'on prend cinq angles de triangle équilatéral, on détermine un angle polyèdre régulier, puisque les angles plans dont il est formé valent cinq fois 60 degrés ou 300°, nombre moindre que 360°; on a alors un *angle pentaèdre régulier*.

Maintenant, on peut voir que six angles de triangle équilatéral ne peuvent former un angle polyèdre, car en réunissant ces angles plans, on a six fois 60° ou 360°, nombre qui égale la somme de quatre angles droits : d'où l'on voit qu'il ne peut pas y avoir d'angle polyèdre formé avec six angles de triangle équilatéral, ni même, à plus forte raison, avec sept, huit, neuf, etc.

En réunissant trois angles de carré, on détermine un angle polyèdre, car la somme de ces angles vaut trois fois 90° ou 270°, nombre moindre que quatre angles droits. On voit donc que trois angles de carré font un *angle trièdre régulier*.

D'après cela, on ne peut former aucun autre angle polyèdre composé avec des angles dé carré, attendu que quatre angles de carré ne peuvent former d'angle polyèdre, et encore moins cinq, six, etc.

Si l'on réunit trois angles de pentagone régulier, on obtient un angle polyèdre, car trois angles de pentagone régulier valent 324 degrés, et leur somme est moindre que quatre angles droits. On nomme angle *triédre régulier* l'angle solide formé avec ces sortes d'angles.

Il est facile de remarquer qu'il n'est pas possible de former d'angle polyèdre avec plus de trois angles de pentagone régulier, car on voit que quatre angles de pentagone régulier valent 432 degrés, nombre plus grand que 360° ou quatre angles droits.

On peut également voir que trois angles d'hexagone ne peuvent former un angle polyèdre régulier, parce que chaque angle d'hexagone régulier vaut 120° et que trois de ces angles font 360° ou quatre angles droits. Ainsi avec trois angles d'hexagone régulier on ne peut pas former d'angle polyèdre.

Les polygones réguliers d'un plus grand nombre de côtés, dont les angles réunis puissent former un angle polyèdre, sont des pentagones réguliers. Comme il est impossible de former un angle polyèdre régulier avec trois angles d'hexagone, il est également impossible de former un tel angle avec trois angles d'heptagone régulier ou trois angles d'octogone régulier.

D'après tout ce qui précède, on voit positivement qu'il n'y a que les *triangles équilatéraux*, les *carrés* et les *pentagones réguliers* qui ont des angles capables de former, par leur réunion, des angles polyèdres réguliers et que ces angles polyèdres sont au nombre de cinq.

Polyèdres ou solides. — Nous avons défini les *polyèdres*; nous avons dit que ce sont des corps qui ont les trois dimensions : la *longueur*, la *largeur* et la *hauteur* ou *épaisseur*.

Le polyèdre peut être considéré comme étant formé ou engendré par le concours de plusieurs plans qui, en se réunissant par leurs côtés ou arêtes, déterminent des angles polyèdres en interceptant un espace. Pour former un angle polyèdre, il faut au moins trois plans, et ces trois plans laissant un vide qui, pour être fermé, exige au moins un quatrième plan, on voit qu'il faut au moins quatre plans pour qu'un espace de trois dimensions soit limité de toutes parts.

On donne le nom de *polyèdre* aux corps terminés par des plans ou faces planes. Les polyèdres ont des noms différents suivant le nombre des faces qui les enveloppent. Ainsi on appelle en particulier :

Tétraèdre, le polyèdre de *quatre faces;*

Hexaèdre, le polyèdre de *six faces* ;
Octaèdre, le polyèdre de *huit faces* ;.
Dodécaèdre, le polyèdre de *douze faces* ;
Icosaèdre, le polyèdre de *vingt faces*, etc.

Les *polyèdres réguliers* sont ceux qui ont des polygones réguliers égaux pour faces, et dont tous les angles polyèdres sont égaux entre eux.

Parmi les polyèdres, on distingue le *prisme* et la *pyramide.*

Suivant que la base du prisme ou de la pyramide est un triangle, un quadrilatère, un pentagone, un hexagone, etc., le prisme ou la pyramide est *triangulaire, quadrangulaire, pentagonale, hexagonale,* etc.

Quand un prisme a pour bases et pour faces des parallélogrammes, on lui donne le nom particulier de *parallélipipède.*

Un prisme est *droit* quand les faces latérales sont des rectangles et que les arêtes latérales sont perpendiculaires aux plans des bases. Le prisme est *régulier* lorsque étant droit il a aussi pour bases des polygones réguliers.

On appelle *hauteur* d'un prisme la droite qui est à la fois perpendiculaire aux deux bases ou au prolongement de l'une des bases.

Une pyramide est *régulière* lorsque la base est un polygone régulier et que les triangles composant les faces sont égaux et isocèles. On voit d'après cela que la hauteur d'une pyramide régulière passe par le centre de la base.

On nomme *apothème* d'une pyramide régulière la perpendiculaire menée du sommet sur un des côtés de la base ; cette ligne mesure la hauteur de tous les triangles qui composent la surface latérale de la pyramide.

La *diagonale* d'un polyèdre est la ligne droite qui joint les sommets de deux angles polyèdres non adjacents.

Corps ronds. — Les corps ronds sont le *cylindre,* le *cône* et la *sphère.*

Nous nous dispensons de donner ici la définition des *corps ronds* ainsi que celle de chacun des *polyèdres* ; nous la donnerons en parlant du développement et de la construction de chacun de ces corps en particulier.

Quant à la *sphère*, sa surface n'est pas développable ; nous donnerons seulement ce qui est relatif à la construction des ballons ou à celle des cartes géographiques collées sur des sphères en carton ou en bois.

Le *cône* peut être considéré comme une pyramyde ayant pour base un polygone d'un nombre de côtés infiniment petits ; ce polygone peut être considéré, sans erreur sensible, comme une courbe fermée.

Un cône à base circulaire est *droit* quand la ligne menée du sommet perpendiculairement à la base passe par le centre du cercle.

Examinons maintenant les procédés au moyen desquels on peut développer et construire les principaux polyèdres dont nous avons parlé dans notre *Géométrie élémentaire* ; nous terminerons ce paragraphe en faisant connaître les sections d'un cône droit à base circulaire par un plan ; ces sections sont au nombre de cinq : le *triangle*, le *cercle*, l'*ellipse*, la *parabole* et l'*hyperbole*.

Dans ce chapitre, nous allons indiquer les moyens de développer et de construire des polyèdres en relief, qui sont d'un grand avantage dans l'enseignement de la géométrie de l'espace.

On trace au crayon le développement géométrique des faces de chaque polyèdre sur un carton blanc, puis, à l'aide d'un canif, on coupe à demi-épaisseur les côtés qui doivent former les arêtes du solide, et l'on coupe en totalité les côtés du développement. On rapproche les côtés qui doivent se joindre, et on les fixe au moyen de petites bandes de papier ; enfin sur toutes les faces on peut appliquer une teinte qui donne aux solides l'aspect du bois, du marbre, etc.

1° Polyèdres réguliers. — Nous avons dit et démontré (*Géométrie*, chap. VII, § 10) qu'il ne peut exister que *cinq polyèdres réguliers convexes* : le TÉTRAÈDRE, l'OCTAÈDRE, l'ICOSAÈDRE, l'HEXAÈDRE, le DODÉCAÈDRE.

TÉTRAÈDRE. — Le *Tétraèdre régulier* est un solide qui a quatre faces égales et triangulaires, six arêtes et quatre sommets. Chaque angle plan des faces ou angle dièdre, vaut 70°31′43″,6.

Développement et construction. — La *fig.* 67 représente un tétraèdre régulier et son développement; chaque face étant un triangle équilatéral, pour le développer on trace sur le carton un triangle équilatéral ABC, puis sur chaque côté AB, BC, CA on construit un triangle équilatéral et l'on a le développement du solide.

Pour construire ce polyèdre, on donne, à demi-épaisseur du carton, un coup de canif sur les lignes AB, BC, CA, et, dans le sens opposé à la surface, on rapproche les trois sommets D, E, F; l'on réunit à l'aide d'une bande de papier, et deux par deux, les côtés AD, AF puis BD, BE; enfin CE, CF.

OCTAÈDRE. — L'octaèdre régulier est un solide qui a pour faces 8 triangles équilatéraux, 12 arêtes et 6 sommets. Chaque angle plan des faces vaut 109°28'16",4.

Développement et construction. — La *fig.* 68 représente un octaèdre régulier et son développement; on peut en figurer le développement en traçant d'abord un triangle équilatéral ABC. On prolongera le côté B d'une quantité CE égale à la moitié de BC. Sur la ligne ED, considérée comme base, on construira le triangle équilatéral EDF. Il ne restera plus qu'à partager chaque côté AB, AC, BC du triangle ABC en deux parties égales ainsi que les trois côtés ED, DF, FE du triangle EDF, pour joindre chaque point de division *m*, *n*, D, C, *p*, *r*, ce qui donne 8 triangles équilatéraux 1, 2, 3, etc., qui sont les faces de l'octaèdre et que l'on réunira de la même manière que celles du tétraèdre.

ICOSAÈDRE. — L'icosaèdre régulier est un solide qui a pour faces 20 triangles équilatéraux; il y a 30 arêtes et 12 sommets. Chaque angle plan des faces vaut 138°11'22",8.

Développement et construction. — La *fig.* 69 représente un icosaèdre régulier et son développement. Pour en tracer le développement, on tire deux parallèles AB, CD distantes l'une de l'autre d'une longueur égale à la hauteur de l'un des triangles équilatéraux qui formera les faces. On construit entre les parallèles, le triangle équilatéral AC*m*, puis on porte la longueur A*m* de *m* en *n*, de *n* en *o*, de *o* en *r*, de *r* en B. On en en fait autant sur la ligne CD pour déterminer les points *z*, *x*, *v*, *s*. On tire les lignes *mz* que l'on prolonge de *m* en H et de *z* en 4

4

d'une quantité égale à la longueur du côté du triangle équilatéral; on agit de même en tirant les lignes *nx*, *ov*, *rs*.

On tire également les lignes *Cm*, *zn*, *xo*, *vr*, *sB*.

En tirant AH et prolongeant AC de C en E., puis en tirant DI et prolongeant DB de B en L, on a tracé les vingt faces de l'icosaèdre qu'il est facile alors de construire.

HEXAÈDRE. — L'*hexaèdre régulier* ou *cube* est un solide qui a pour faces 6 carrés; il a 12 arêtes et 8 sommets.

Chaque angle plan des faces vaut 90°.

Développement et construction. — La figure 70 représente un hexaèdre régulier et son développement. On le trace en formant d'abord trois carrés successifs 1, 2, 3, puis un autre carré 4 sur le côté du carré 2, et un carré sur le côté du carré 4; enfin, on termine le tracé en formant un dernier carré 6 sur le côté du carré 5.

DODÉCAÈDRE. — Le *dodécaèdre régulier* est un solide qui a pour faces 12 pentagones réguliers; il a 30 arêtes et 20 sommets. L'angle plan de chaque face vaut 116°33′ 54″, 2.

Développement et construction. — La figure 71 représente le dodécaèdre et son développement. On le construit en traçant d'abord un pentagone régulier 1 et en construisant sur chaque côté de ce pentagone cinq autres pentagones 2, 3, 4, 5, 6. Sur le côté *mn*, du pentagone 6, on construit un pentagone 7, puis sur le côté *rs* de ce dernier on construit un pentagone 8 : il ne reste plus qu'à tracer sur chacun des autres côtés du pentagone 8 les pentagones 9, 10, 11 et 12 pour terminer le développement du dodécaèdre dont il est question.

REMARQUE. — Le tracé du pentagone régulier exigeant certaines précautions pour obtenir toute la régularité désirable, on peut découper un pentagone régulier en carton, et, à l'aide de ce dernier, pris comme patron, il est facile de tracer toutes les faces de polyèdre développé, afin de simplifier le travail.

POLYÈDRES DIVERS. — Nous allons indiquer la manière de construire divers polyèdres dont on fait encore usage en géométrie; les procédés que nous donnons permettront de tracer le développement d'un polyèdre quelconque et de représenter les différents polyèdres des collections cristallographiques.

PRISME TRIANGULAIRE. — Le *prisme triangulaire* est un solide dont les bases opposées sont des triangles, et dont les côtés, ou faces latérales, sont des parallélogrammes.

Développement et construction. — La figure 72 représente un prisme triangulaire droit et son développement. On le construit en traçant un rectangle ABCD, qu'on divise en trois parties égales AE, FH, ID. On trace sur AF un petit triangle équilatéral AGF dont les trois côtés sont égaux au tiers de AB ou à l'une des parties FI. Il ne reste plus qu'à rabattre la partie FBDE de manière à faire coïncider les points B et D avec les points A et C; on rabat également les triangles AGF et CLE pour que le point G tombe en I et le point L en H.

Quand les trois parties du parallélogramme ABCD sont inégales, le parallélogramme est irrégulier.

REMARQUE. — Ce que nous venons de dire du prisme triangulaire s'applique également à la construction du prisme pentagonale droit ainsi qu'à celle du prisme hexagonal. On a soin de tracer des rectangles ayant une même hauteur sur chacun des côtés du polygone pris comme base. Au lieu des triangles AGF et CLE, on trace le pentagone, l'hexagone ou l'octogone de la base.

PRISME TRIANGULAIRE OBLIQUE. — Nous ne définissons pas le prisme triangulaire oblique. Dans cette sorte de prisme les bases sont parallèles, mais la hauteur se mesure par la ligne perpendiculaire tombant d'un des sommets sur le prolongement de la base.

Développement et construction. — La figure 73 représente un prisme triangulaire oblique et son développement. Pour le construire, on trace d'abord deux parallélogrammes symétriques AB et CD réunis par le côté CB. On construit sur le côté ED un parallélogramme EF, puis sur le côté CE du parallélogramme CD on trace le triangle ECG et sur BD le triangle BDI. Si l'on a eu soin de faire AC=CG, EG=EH et KB=BI, ID=DE, il ne reste plus qu'à rapprocher convenablement les faces pour former le prisme dont il est question.

REMARQUE. — D'après ce que nous venons de dire sur le prisme triangulaire oblique, on verra qu'il est facile de construire un prisme polygonale quelconque oblique. Il suffira de prendre toujours une ligne CB comme la base de la construction pour tracer à droite et à gauche les parallélogrammes qui forment les faces. On tracera sur CE et BD les polygones considérés comme bases du polyèdre.

PARALLÉLIPIPÉDE RECTANGLE. — Le *parallélipipéde rectangle* est un solide dont toutes les faces latérales sont des rectangles égaux et parallèles deux à deux.

Développement et construction. — La figure 74 représente un parallélipipède rectangle et son développement. On trace d'abord 4 rectangles successifs 1, 2, 3, 4 de manière que le 1er et le 3e soient égaux entre eux, et que le 2e et le 4e soient aussi égaux entre eux. On termine le tracé en formant les rectangles des bases tels que AB=AC et *ab=ac*.

PARALLÉLIPIPÉDE OBLIQUE. — Le *parallélipipéde oblique* a pour faces latérales des parallélogrammes égaux. Les bases opposées sont des losanges.

Développement et construction. — La figure 75 représente un parallélipipède oblique et son développement. Pour le construire, on tire la ligne AB, puis on forme le parallélogramme ABCD que l'on partage en deux parties égales par la ligne EF ; on trace ensuite le parallélogramme ACHB symétrique au premier, et on le partage en deux parties égales. On a donc 4 parallélogrammes successifs égaux ; il ne reste plus qu'à tracer les bases opposées ; pour cela, on prolonge EA d'une longueur AI=EA et l'on forme le losange AIKL pour la première base. On prolonge AB d'une longueur BM=BF et l'on termine le losange qui est la seconde base ; il ne reste plus qu'à rapprocher les bords du développement afin de former le solide dont il est question.

L'inspection de la fig. 76 montre suffisamment la manière de tracer un parallélipipède rectangle oblique.

PYRAMIDE TRIANGULAIRE. — La *pyramide triangulaire* est un solide qui a pour faces latérales des triangles ayant un sommet commun, et dont la base est un polygone quelconque.

Développement et construction. — La figure 77 représente une pyramide triangulaire et son développement. On commence par construire trois triangles isocèles 1, 2, 3, puis, au-dessous du deuxième triangle isocèle, on trace un triangle équi-latéral ayant pour la longueur des côtés celle de la base commune des triangles isocèles.

On agira absolument de la même manière pour construire les pyramides régulières ayant pour base un polygone quelconque régulier.

Pyramide polygonale oblique. — Nous savons qu'une pyra-mide est *oblique* lorsque la perpendiculaire abaissée du sommet sur la base ne tombe pas perpendiculairement sur le milieu de cette base, ou lorsque cette perpendiculaire tombe perpendicu-lairement sur le prolongement de la base.

Développement et construction.—La figure 78 représente une pyramide triangulaire oblique et son développement. On com-mence par tracer la base ABC. De chaque sommet on décrit des arcs de cercles avec des rayons pris sur le solide, et de manière que ces arcs puissent se couper deux à deux. On joint les points de rencontre aux sommet de la base, ce qui donne les triangles des faces respectives du solide dont on a cherché le développement. On agira de même pour une pyramide poly-gonale quelconque oblique.

Tronc de pyramide a bases parallèles. — Nous savons que le *tronc d'une pyramide* est ce qui reste quand on a supprimé la partie supérieure par une section faite parallèlement à la base.

Développement et construction. — On peut déduire le déve-loppement du tronc de la pyramide de celui d'une pyramide entière en supprimant, sur chaque face, un petit triangle comme on peut le voir dans la fig. 79, puis on trace un petit triangle ayant pour côté la longueur respective des sections de chaque face; ce petit triangle est la seconde base.

La figure 79 représente un tronc de pyramide triangulaire et son développement. On construit trois triangles isocèles 1, 2, 3, comme dans la construction fig. 80, puis on enlève trois petits triangles isocèles *a*, *b*, *c*. Il ne reste plus qu'à tracer les trian-gles A et B pour former les bases du tronc dont il est ques-tion.

On agirait absolument de la même manière pour les troncs de pyramide ayant pour bases des polygones quelconques.

CYLINDRE. — Nous avons dit que le *cylindre* est un solide produit par la révolution entière d'un rectangle qu'on imagine tourner autour d'un côté immobile.

Construction et développement. — La fig. 81 représente un cylindre et son développement. Pour former ce développement, on trace un rectangle ABCD, ayant pour hauteur AC, celle du cylindre, et pour bases AB et CD la circonférence rectifiée du cercle qui sert de base au cylindre. On trace deux cercles égaux EF, GH, sur la ligne FH qui partage le rectangle en deux parties égales, en prenant pour rayon de ces circonférences les longueurs EF et GH, calculées d'après les longueurs AB ou CD.

CÔNE. — Le *cône* est un solide produit par la révolution d'un triangle rectangle autour d'un côté immobile:

Développement et construction. — La fig. 82 représente un cône et son développement. D'après la définition même du cône, on voit que la circonférence qui lui sert de base est décrite en même temps par le rayon ou base du triangle rectangle et l'arête du cône ou l'hypoténuse du triangle rectangle.

La surface convexe du cône développée sur un plan est donc un secteur de cercle ABC dont le centre est le sommet du cône, le rayon, la base du triangle rectangle générateur, et, la longueur de l'arc, la longueur même de la circonférence de la base du cône.

D'après ce que nous avons dit dans la remarque de la page 100 (GÉOM.), il est facile de calculer la longueur de l'arc ADC et le rayon DO du cercle qui doit servir de base au cône.

SECTIONS CONIQUES.—Dans nos *Leçons normales de Géométrie*, nous avons parlé des *sections coniques* et de tout ce qui s'y rapporte; nous allons donner ici le développement et la construction des reliefs qui sont d'une grande utilité pour bien faire comprendre la génération des cinq courbes déterminées sur la surface d'un cône droit par des plans.

1° TRIANGLE. — Quand un plan sécant passe par le sommet

d'un cône, en tombant perpendiculairement sur la base, la section que l'on obtient est un *triangle*.

Développement et construction. — La fig. 83 représente un cône coupé par un plan perpendiculaire à la base et passant par le sommet. Pour en avoir le développement on trace d'abord le secteur ABC, de manière à former l'arc ADC rectifié égal à la demi-circonférence FDG également rectifiée; ensuite on forme le triangle isocèle HBA ayant la base HA=FG : il ne reste plus qu'à découper et à rapprocher les parties qui constituent le relief.

2° Cercle. — Quand un plan sécant coupe un cône parallèlement à la base, la section obtenue est un *cercle*.

Développement et construction. — La fig. 84 représente un cône coupé par un plan parallèle à la base et son développement. C'est un tronc de cône. Pour le tracer, on prend un point A pour centre, on forme deux arcs de cercle BC, DE arbitraires de longueur et distants l'un de l'autre de la longueur de l'arête du tronc du cône. On trace en un point G une circonférence FG dont on détermine la longueur, puis on reporte la moitié de cette longueur de G en B et de B en C; on tire la ligne FI, et au point H, déterminé par cette ligne sur l'arc DE, on trace une circonférence d'un rayon égal à la base inférieure du solide que l'on veut avoir. On détermine la longueur de cette circonférence, et l'on porte la moitié de la longueur trouvée de H en E et de H en D. On tire CE et BD. Il ne reste plus qu'à plier ce développement d'une manière convenable pour avoir le polyèdre dont il est question.

3° Ellipse. — Lorsqu'un plan sécant coupe un cône droit obliquement à la base, de manière à ne pouvoir rencontrer la base du cône que prolongée hors du solide, la section que l'on obtient est une *ellipse*.

Développement et construction. — La fig. 85 représente un cône droit coupé par un plan oblique et son développement. Pour tracer ce dernier, d'un point A on forme l'arc arbitraire BC, puis on tire une ligne arbitraire DE perpendiculaire à l'arc BC. On porte sur cette ligne à partir du point I une longueur ID = MN; on trace l'ellipse NO de D en F. Enfin l'on rectifie l'ellipse DF pour en connaître la longueur, et l'on trouve une portion d'ellipse RDS que l'on fait passer par deux points déterminés en R et en S, de manière que la distance RB = SC = OP. On doit avoir DF rectifiée = DS également rectifiée, et D*m*F rectifiée = DR également rectifiée. Enfin on tire SC et BR, et, en rabattant les parties du développement, on forme sur le cône la figure dont il est question.

4° PARABOLE. — Quand un plan sécant coupe un cône droit dans une direction parallèle à l'un des côtés de ce cône, la section qui en résulte est une *parabole*.

Développement et construction. — La fig. 86 représente un cône droit coupé par un plan parallèle à un des côtés. Ayant le développement de ce polyèdre, pour former le solide on rapproche la ligne *a* C' *b* de la ligne A' C' B de manière à faire coïncider le point *a* comme le point A' et le point *b* avec le point B'. On rapproche le point F' du point G' pour que les deux lignes F' E' et E' G' coïncident. Enfin on relève la partie A' D' B' autour de A' B' considéré comme charnière : alors le point D' tombe sur la jonction des points F', G', ce qui donne la représentation de la parabole sur le cône.

5° HYPERBOLE. — Quand un plan sécant coupe un cône parallèlement à l'axe, la section que l'on obtient est une *hyperbole*.

Développement et construction. — La fig. 87 représente un cône coupé par un plan parallèlement à l'axe et à côté le développement de ce polyèdre.

Pour relever le développement, on réunit les points B et D pour faire coïncider les lignes BC et CD. On arrondit la ligne AFE pour la faire coïncider avec la ligne GFH; le point A tombe en G et le point E en H. Enfin, on relève la partie GIH autour de GH comme charnière; le point I tombe à la coïncidence des points B, D; la ligne GI tombe sur AB, et HI tombe en DE, ce qui donne la représentation de l'hyperbole sur la surface du cône.

SPHÈRE. — La *sphère* est le solide qui est produit par la révolution entière d'un demi-cercle autour de son diamètre ou axe.

Développement et construction. — La fig. 88 représente une sphère et le tracé géométrique à l'aide duquel on parvient à former des pièces ou fuseaux qui recouvrent exactement un globe.

Soit AO le rayon du ballon; on trace l'angle droit AOB et l'arc AB qui est alors un quadrant. On divise l'arc AB en 6 parties égales (1). A-1, 1-2, 2-3, 3-4, 4-5, 5-B. Par les points de divisions 1, 2, 3, 4, 5 on tire des parallèles à la ligne AO, ce qui donne 1-*m*, 2-*n*, 3-*o*, 4-*p*, 5-*r*.

On trace une ligne droite indéfinie MN, et, sur cette ligne, on porte 12 fois la longueur de la corde de l'arc A-1; par les points de divisions on élève des perpendiculaires P*p*, S*s*, L*l*, etc. Il s'agit maintenant de déterminer les longueurs H′H et H′*h*, I′I et I′*i*, K′K et K′*k*, et ainsi de suite pour toutes les autres perpendiculaires à MN. Pour cela, du milieu V de A-1 on tire le rayon VO, et du centre O, avec une suite de longueurs égales respectivement aux lignes 1-*m*, 2-*n*, 3-*o*, 4-*p*, 5-*r*, on trace les arcs 6, 7, 8, 9 et 10 qui coupent les deux côtés de l'angle AOV, et les cordes des arcs 6, 7, 8, etc., étant reportées de chaque côté de la ligne MN, déterminent H′*h* et H′H pour la corde de AV, puis I′*i* et I′I pour la corde de l'arc 6, et ainsi des autres perpendiculaires au-dessus et au-dessous de H*h*. En tirant la ligne M*pslkihgfedc*N et MPSLKIHGTEDCN, on obtient le fuseau N*g*MHN qui a M, N pour pôles et H*h* pour arc d'équateur.

Le fuseau N*g*MHN est le patron des douze fuseaux que l'on doit tracer pour les réunir et former la sphère ou le ballon du rayon donné.

Remarque. — On obtiendra un ballon d'autant plus régulier qu'on aura divisé AB en un plus grand nombre de parties; on pourra le diviser en 12, 24, etc., ce qui donnera, pour la circonférence entière, 48, 96, etc., fuseaux à construire.

Pour terminer ce paragraphe, nous parlerons du tracé des *cartes géographiques ordinaires* dites *projections stéréographiques.*

---

(1) Pour y parvenir sans tâtonnement, on porte le rayon Ao de A en 4 et de B en 2 ; on prend la moitié de l'arc 4-2 : il est égal à 150 ou le quart de l'arc A-4 ou le 6ᵉ de l'arc AB. On porte alors de A en B, cette moitié de 4-2 ou la longueur 4-3.

4.

Le globe terrestre étant supposé coupé par un méridien déterminé, par le méridien de Paris par exemple, le plan du cercle obtenu est celui qui est pris pour le plan du tableau, et l'œil du spectateur est supposé placé au pôle de ce cercle (non pas au pôle du globe).

Les rayons visuels menés de ce pôle à tous les points des différents cercles que l'on peut tracer sur la sphère, forment des surfaces coniques qui sont généralement obliques, et qui ont ce pôle pour sommet et ces cercles pour directrices.

Les surfaces coniques sont coupées par le plan du tableau suivant des courbes qui sont les perspectives des cercles correspondants de la sphère. Il arrive, en raison du choix que l'on a fait pour le plan du tableau et pour la position de l'œil du spectateur, et à cause de certaines propriétés des surfaces coniques obliques à directrices circulaires, que toutes les intersections dont nous venons de parler sont des cercles, ou du moins des arcs de cercle. Cette circonstance permet de tracer, à l'aide du compas, la perspective de tous les cercles de longitude et de latitude, et de déterminer, par conséquent, très-commodément sur la carte la position de tous les points dont la longitude et la latitude sont connues.

Voici le procédé à l'aide duquel on peut tracer un hémisphère de mappemonde.

On commence par tirer la circonférence ACBDA ou premier méridien (*fig.* 87); on coupe cette ligne par deux diamètres perpendiculaires l'un à l'autre, et l'on partage la circonférence en tous ses degrés. (Pour abréger l'opération que nous présentons ici, nous ne diviserons la circonférence qu'en seize parties AI, IK, KL, etc. De l'une des extrémités du diamètre AB, du point B, par exemple, on tire des droites aux points de division F, G, H, I, K, L; ces droites, par leurs intersections a, b, c, d, e, f avec le diamètre CD, déterminent les troisièmes points où doivent passer les courbes AaB, AbB, AcB, etc.

De l'une des extrémités du diamètre CD, de l'extrémité D, par exemple, on tire des droites aux points de division RSTFGH : ces lignes déterminent, par leurs intersections avec le diamètre AB, des points m, n, o, p, r, s, qui sont ceux par lesquels doivent passer les courbes RmQ, SnP, ToO, FpL, GrK, Hsl, ce qui donne enfin le tracé des lignes de la mappemonde (1).

On fait souvent usage de ces *projections stéréographiques* (ou mieux *projections perspectives*) parce qu'elles conduisent à des déformations moins grandes que les autres modes de projection. Cependant les parties qui bornent l'hémisphère se trouvent un peu distendues, surtout aux environs de l'équateur.

Il existe d'autres systèmes de projections pour construire les mappemondes : On fait souvent usage des *projections orthogonales*. Dans cette projection, tous les points du globe sont projetés par des perpendiculaires sur un même plan du méridien; dans ce cas, les parties qui bornent l'hémisphère se trouvent, au contraire, trop pressées.

On emploie également un troisième système de projections auxquelles on donne le nom de *projections de Mercator*. Dans ces projections, les cercles parallèles sont représentés tout simplement par des droites horizontales, et les méridiens par des droites verticales : ce sont alors les régions qui se trouvent les plus déformées. Nous ne pouvons en dire plus sur les constructions des cartes; nous renvoyons nos lecteurs aux traités spéciaux sur cette matière.

§ III. — NOTIONS GÉNÉRALES SUR LA LUMIÈRE, LES OMBRES ET LES TRAITS DE FORCE.

Quand les corps qui frappent notre vue, sont éclairés par les rayons du soleil, ils présentent deux parties distinctes : l'une qui est nettement éclairée est dite dans le clair, l'autre qui est privée de la lumière directe est dite dans l'ombre. On appelle *ombre propre* d'un corps la partie de la surface opposée à celle qui est dans le clair.

Pour établir une règle dans le dessin des objets, on suppose que les rayons lumineux sont parallèles entre eux et en lignes droites; car les fractions sur lesquelles on opère sont tellement

---

(1) Beaucoup de professeurs de dessin font tracer ces lignes sans avoir recours aux principes que nous venons d'exposer ; ils n'obtiennent alors que des préparations aux moyens desquelles ils ne peuvent construire que de mauvaises cartes.

éloignées du foyer principal qu'il est impossible d'apprécier la plus légère différence dans le parallélisme des rayons.

Quant à la lumière artificielle provenant d'une lampe ou d'un bec de gaz, comme les rayons sont très-courts, on peut apprécier que leur convergence est très-sensible.

D'après cela, on comprend que la lumière du soleil change très-peu la forme des objets éclairés, tandis que la lumière artificielle donne très-souvent des formes bizarres aux objets qu'elle éclaire.

Quand le soleil est à l'horizon, les ombres données par les objets s'étendent presque indéfiniment; mais à mesure que le soleil se lève les ombres se raccourcissent, et quand l'astre a atteint 45°, moitié de l'angle droit, on voit que la longueur de l'ombre est égale à la hauteur de l'objet qui les projette.

La lumière artificielle produit à peu près le même phénomène que celui de la lumière du soleil, avec cette différence que les ombres s'élargissent à mesure que la lumière se rapproche du corps opaque, en affectant la forme conique, le sommet venant aboutir au point lumineux.

D'après ce qui précède, on est naturellement conduit à établir *que les ombres des lignes droites parallèles entre elles sont aussi parallèles, et que les apparences perspectives de ces ombres concourent aux mêmes points accidentels.*

Avant de présenter les quelques problèmes les plus usités dans la théorie des ombres, nous allons parler des *traits de force.*

Nous avons admis que les rayons lumineux sont parallèles entre eux, et qu'ils viennent sur l'objet de gauche à droite suivant la diagonale d'un cube ayant les faces opposées parallèles aux deux plans de projection, et dont les projections sur ces plans font par conséquent un angle de 45° avec la ligne de terre qu'ici nous désignons par LT (*fig.* ci-après).

Considérons (1) les carrés A′ B′ C′ D′ et ABEF comme les projections horizontales et verticales d'un cube; les diagonales A′ D′ et EB seront en projection les directions des rayons lumineux. Si, maintenant, par les points C′ et B′ on mène des pa-

----

(1) Voir d'Herbecourt, *Dessin linéaire.*

rallèles à A′ D′, et si par les points A′F on mène des parallèles à EB, on observera que les faces B′ D′ et C′ D′ du plan horizontal seront dans l'ombre, ainsi que celles AB et BF situées dans le plan vertical; il suffira donc de forcer ces droites pour exprimer que les lignes C′ D′, B′ D′, AB, BF sont les projections horizontales et verticales des arêtes de séparation d'ombre et de lumière.

Si maintenant nous considérons une auge en coupe et en plan, nous verrons que les traits de force sont déterminés d'après d'autres principes.

Comme les rayons lumineux doivent faire avec la ligne de terre un angle de 45°, ils auront en plan et en élévation les directions indiquées aux points A, E, G, H, M, N, P, et par conséquent, les lignes AC, EF, FG de la projection verticale, et celles HI, IM, NO, OP de la projection horizontale devront être forcées comme ne recevant pas directement la lumière.

On peut donc conclure que toutes les fois qu'on a une partie creuse à indiquer dans un dessin, le trait de force doit toujours être en sens inverse de ce qu'il serait si cette partie était en relief.

Lorsque plusieurs faces d'un corps sont parallèles au rayon lumineux, leurs projections ne doivent plus avoir de traits de force; on s'écarte néanmoins de cette règle pour que le dessin

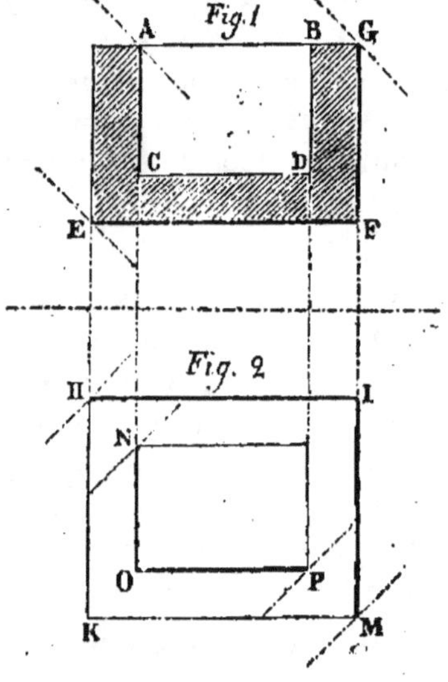

produise plus d'effet; mais pour que les faces ne soient plus parallèles aux rayons lumineux, on suppose que le corps a légèrement dévié de position.

Quand le corps à représenter a des surfaces arrondies, les lignes qui limitent ces surfaces n'étant que des contours apparents, ne doivent pas avoir de traits de force; tel est le cas d'un cône, d'un cylindre, d'une sphère.

Nous allons donner la projection en cherchant où doivent être placés les traits de force.

Ce que nons avons dit précédemment montre qu'il y a un seul trait de force en AB sur la projection verticale. Si l'on mène sur la projection horizontale par le centre C de la base une perpendiculaire à la direction du rayon lumineux et des tangents par les points a, b, d, e, les demi-cercles dfb, et age seront dans l'ombre, et c'est sur eux qu'on placera le trait de force qui devra venir mourir aux points a, e, b, d. Ces quelques principes sont tirés de l'excellent ouvrage de dessin linéaire rédigé par d'Herbecourt.

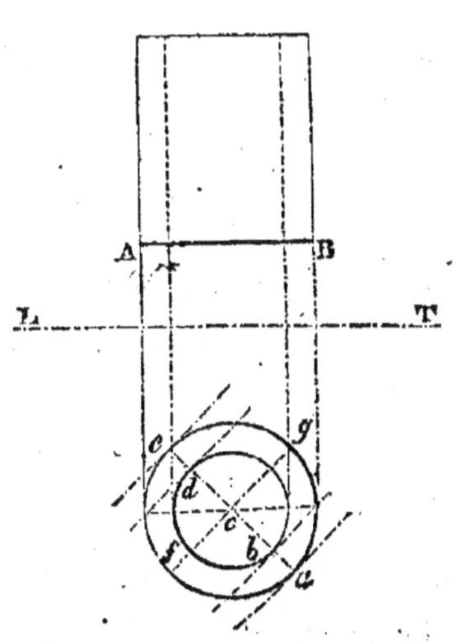

Pour terminer ce que nous pouvons dire ici sur les ombres, nous allons présenter la solution des trois problèmes les plus usités. Dans le premier nous observerons la lumière située dans le plan du tableau; dans le second nous verrons cette lumière placée en arrière; enfin, dans le troisième nous observerons la lumière placée en avant.

Supposons le soleil dans le plan du tableau (*fig.* 88), LI étant la direction de l'un de ses rayons, il s'agit de déterminer l'ombre partie du corps opaque K sur un plan horizontal.

Comme les rayons lumineux sont parallèles entre eux, par les points O et H, on mène des parallèles géométrales au rayon LI, et l'on prolonge AB jusqu'à l'intersection du rayon OC. On joint le point L au point V, et l'on obtient l'ombre portée BESC.

D'après cela, on voit que si le soleil est dans le plan du tableau, la direction de l'ombre d'une ligne verticale sur un terrain horizontal est une ligne parallèle à l'horizon, et le rayon passant par le sommet de cette verticale détermine la longueur de l'ombre.

Quand le soleil est en arrière du tableau (*fig.* 89), la direction de l'ombre d'une verticale a pour point de fuite le pied de la perpendiculaire abaissée du centre de l'astre sur la ligne d'horizon, et le rayon lumineux partant du même centre et passant par le sommet de la verticale détermine la longueur de l'ombre.

Enfin, lorsque le soleil se trouve derrière le spectateur (*fig.* 90) l'opération est la même en agissant en sens inverse.

§ IV. — DU COMPAS DE PROPORTION.

1° *Description.* — Le compas de proportion (fig. 91) est un instrument au moyen duquel on peut déterminer les proportions qui existent entre les quantités de la même espèce, — *lignes*, — *surfaces*, — *volumes*, etc. Il se compose de deux règles en laiton assemblées aux extrémités BC, et se mouvant autour d'un pivot O commun.

L'instrument a 17 centimètres environ de longueur, 7 millimètres d'épaisseur, et chaque règle a 15 millimètres de largeur. Sur chaque face on y trouve diverses sortes de lignes : l'une contient la *ligne des parties égales*, celle des *plans* et des *polygones*; l'autre possède la *ligne des cordes*, celles des *solides* et celle des *métaux*.

Ordinairement on grave sur le bord des compas de proportion, d'un côté, une ligne qui sert à la détermination du diamètre et du poids des boulets de fer; de l'autre se trouve une ligne qui permet de déterminer le calibre des canons.

2° *Usages.* — Nous allons indiquer les principaux usages du compas de proportion; nous présenterons en même temps diverses applications qui rendront l'instrument familier.

A. — LIGNE DES PARTIES ÉGALES. — La ligne des parties égales est ainsi nommée parce qu'elle est divisée en parties égales; ce nombre est ordinairement 200.

Soit à diviser la ligne AB (fig. 92) en un nombre quelconque de parties égales; en cinq, par exemple.

SOLUTION. — On prend avec un compas ordinaire la longueur de la ligne AB ; on place l'une des pointes sur une des divisions de la ligne des parties égales qui soit un nombre exactement divisible par 5, sur 100, par exemple; puis on ouvre le compas de proportion jusqu'à ce que l'autre pointe du compas ordinaire tombe exactement sur la division 100 de la ligne des parties égales de l'autre branche. On laisse le compas de proportion ouvert dans cet état, puis on resserre les branches du compas ordinaire, de manière qu'en plaçant l'une de ses pointes au nombre 20 de la même ligne, l'autre pointe tombe sur le nombre 20 de la ligne des parties égales tracée sur l'autre branche: l'ouverture du compas ordinaire est égale à la cinquième partie de la ligne AB.

On peut facilement comprendre que ce procédé est fondé sur la théorie des lignes proportionnelles. Quand la ligne proposée à diviser est trop longue pour être reportée sur les branches du compas de proportion comme nous l'avons fait précédemment, on en divise seulement la moitié ou le quart en cinq parties égales : le double ou le quadruple d'une de ces parties est égale à la cinquième partie de la ligne totale.

B.— LIGNE DES PLANS. — La *ligne des plans* est ainsi nommée parce qu'elle comprend les côtés homologues d'un certain nombre de plans semblables, multiples du plus petit, à compter depuis le centre du compas de proportion. Cette ligne se trouve divisée, d'après ce principe, que *les surfaces des figures semblables sont entre elles comme les carrés de leurs côtés homologues.*

Proposons-nous de construire un triangle semblable au triangle ABC (fig. 93) et qui soit le triple en surface.

SOLUTION. — On prend avec un compas ordinaire la longueur du côté AB ; on porte cette longueur sur la ligne des plans à l'ouverture du premier plan; on laisse ouvert le compas de proportion, et l'on prend avec le compas ordinaire l'ouverture du troisième plan, et l'on trouve la longueur du côté A'B' homologue au côté AB. On trouve de la même manière les côtés A'C', B'C' homologues aux côtés AC, BC du triangle donné, et, de ces trois côtés, on forme le triangle A'B'C' triple en surface du triangle ABC et semblable.

Lorsque le plan proposé a plus de trois côtés, on le divise en triangles par des diagonales. Pour un cercle, on fait sur son diamètre l'opération qui vient d'être décrite pour obtenir le diamètre du cercle demandé.

C. Ligne des polygones. — La ligne des polygones est ainsi nommée parce qu'elle renferme les côtés homologues des polygones réguliers inscrits dans un même cercle, depuis le triangle équilatéral marqué par le nombre 3 gravé sur chaque règle du compas de proportion, et dont on suppose le côté divisé en mille parties égales, jusqu'au décagone exprimé par le nombre 12.

Soit proposé d'inscrire un pentagone régulier dans un cercle donné (fig. 94).

Solution. — On prend avec le compas ordinaire la longueur du rayon OC du cercle, et on l'applique de part et d'autre sur la ligne des polygones du compas de proportion, du chiffre 6 à 6 : on a alors le **côté** de l'hexagone régulier inscriptible au même cercle dans lequel il s'agit d'inscrire un pentagone régulier. Le compas de proportion étant ainsi ouvert, on prend la distance des nombres 5 à 5 : on obtient alors la longueur du côté du pentagone demandé. On agira de la même manière pour inscrire un polygone régulier quelconque dans un cercle donné.

D. — Ligne des cordes. — Cette ligne est ainsi nommée parce qu'elle comprend les cordes de tous les degrés du demi-cercle.

Soit proposé de construire un angle de 45 degrés sur la ligne AB (fig. 95).

Solution. — On décrit du point A un arc indéfini DC, dont on porte le rayon de 60 à 60 sur la ligne des cordes (parce que le rayon d'un cercle est toujours égal à la corde de 60° du même cercle). On prend ensuite l'ouverture de la corde de 45°, et on la porte de D en E sur l'arc de cercle DC ; enfin, on tire par le point A et le point E la ligne AE, et l'on obtient l'angle EAB de 45 degrés.

E. — Ligne des solides. — La ligne des solides est ainsi appelée parce qu'elle comprend les côtés homologues d'un certain nombre de solides semblables, multiples du plus petit, à compter depuis 1 jusqu'à 64. Cette ligne est divisée d'après ce principe *que les solides semblables sont entre eux comme les cubes de leurs dimensions homologues, et d'après la supposition que le côté du 64° solide est de 1000 parties égales.*

Proposons-nous de trouver un cube double d'un autre par une exactitude suffisante dans la pratique.

Solution. — On porte le côté du cube donné sur la ligne des solides d'un point quelconque, 20 à 20, par exemple ; puis on laisse le compas ouvert, on prend l'ouverture d'un nombre double, 40, qui est le double de 20 : cette ouverture égale le côté du cube proposé.

Pour obtenir une sphère qui soit triple d'une sphère donnée, on portera sur la ligne des solides le diamètre de la sphère donnée, à l'ouverture de tel nombre qu'on voudra, comme de 20 à 20. On laisse ainsi ouvert le compas de proportion, et l'on prend l'ouverture de 60 à 60 ; ce sera le diamètre d'une sphère triple en volume.

Remarque. — Quand les lignes sont trop longues pour pouvoir être appliquées à l'ouverture du compas de proportion, on en prend la moitié, le tiers ou le quart : le résultat exprime alors la moitié, le tiers ou le quart des dimensions données.

F. — Ligne des métaux. — La ligne des métaux est ainsi nommée parce qu'elle sert à faire connaître les proportions qu'ont entre eux les différents métaux dont on peut faire des solides ; cette ligne est divisée d'après les expériences qu'on a faites sur leur pesanteur spécifique.

Soit donné le diamètre d'une sphère d'argent ; on propose de trouver le diamètre d'une sphère d'or de même poids.

Solution. — On porte le diamètre donné sur la ligne des métaux au point où, de part et d'autre, se trouve marqué le signe qui représente l'argent. On laisse ainsi ouvert le compas de proportion et l'on prend l'ouverture des points marqués du signe de l'or : cette nouvelle ouverture exprime le diamètre demandé.

Remarque. — Ce que nous venons de faire sur les sphères peut également être fait sur les figures semblables des différents métaux; il suffit d'opérer sur les côtés homologues comme nous avons opéré sur le diamètre.

G. —Ligne du poids des boulets et ligne du calibre des pièces. —L'expérience a prouvé qu'un boulet de fer fondu de 81 millimètres de diamètre pèse 2 kilogrammes. D'après cela, on a divisé la ligne du poids des boulets.

Ainsi, pour déterminer le poids d'un boulet donné, on porte le diamètre de ce boulet sur la ligne du poids des boulets.

Lorsque l'on connaît le poids des boulets, il est facile de tracer la ligne du calibre des pièces, car il suffit d'ajouter aux divisions de la ligne du poids du boulet $\frac{1}{2}$ kilogramme à la ligne des boulets de 3 kilogrammes, 1 kilogramme à la ligne des boulets de 6 kilogrammes, et ainsi de suite pour les autres boulets.

Remarque. —D'après ce qui précède, on voit que pour trouver le calibre des pieces, il faut agir exactement de la même manière que pour déterminer le poids des boulets.

La *coupe des pierres* est la partie de la géométrie descriptive qui donne les procédés à l'aide desquels on peut tailler les pierres, de manière qu'étant placées l'une à côté de l'autre elles puissent former dans leur ensemble une voûte ou une autre masse solide de

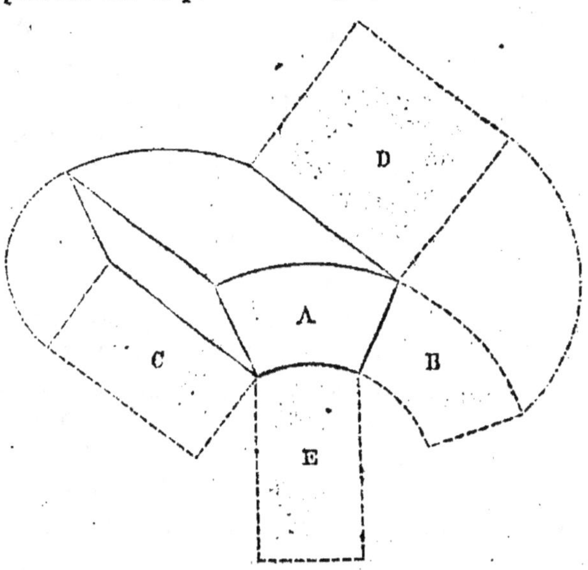

construction. Pour tailler les pierres, on trace des épures ou dessins des formes de toutes les pierres à réunir ; ces tracés, en grandeur naturelle, sont formés sur des surfaces planes, et ils représentent chacune des faces des pierres, c'est-à-dire les panneaux de *tête* A, ceux de *douelle* E, d'*extrados* D, de joint B.

Le premier tracé présente l'épure de la pierre qui fait face à l'entrée ou à la sortie de la voûte. Dans le second tracé on présente l'épure de la face qui fait partie de la concavité de la voûte. Le troisième tracé est l'épure de la partie convexe de la portion de la voûte opposée à la douelle ; enfin le quatrième tracé représente les côtés de la pierre qui s'appuient les uns sur les autres.

Lorsque l'on construit une masse en pierre, il faut avoir soin de placer les pierres de manière que leur lit ou fil horizontal soit toujours dans la même position que celle qu'elles avaient dans la carrière d'extraction lorsque ces pierres doivent supporter l'action de la charge de haut en bas. Si la résistance s'exerce suivant les joints, ces joints concourant vers un même centre, les lits de la pierre doivent avoir la même direction.

On nomme *parement* la face équarrie d'une pierre. Une pierre taillée en forme de coin servant à bander une plate-bande s'appelle *claveau*.

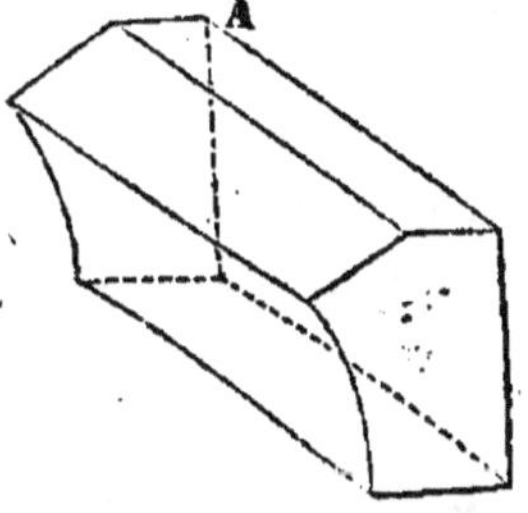

Le *voussoir* est une pierre qui entre dans la composition d'une voûte. On donne le nom de *sommier* à la pierre A, qui s'appuie d'une part sur un pied droit, et qui, d'autre part, reçoit le premier voussoir d'une voûte ou d'une plate-bande. Un contre-sommier est la pierre B, qui vient s'appuyer immédiatement sur le sommier ; une des faces de cette pierre est taillée pour coïncider avec celle du sommier sur laquelle elle doit s'appuyer.

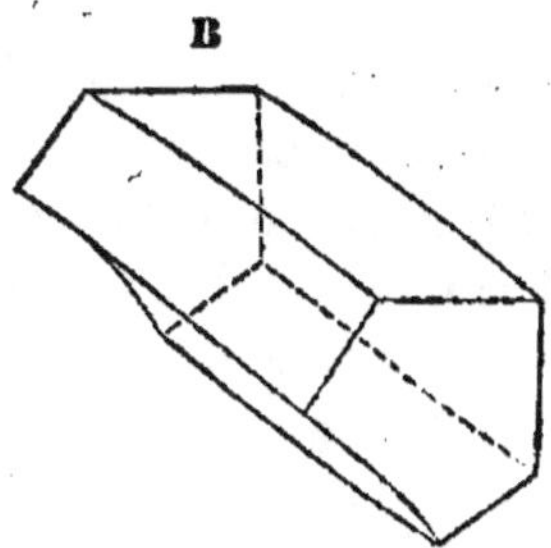

La *clef* est une pierre C taillée en forme de coin, et qui, par son poids vient serrer et consolider une voûte. La clef occupe la partie la plus élevée de la voûte, et elle remplit le même but que le claveau, seulement le claveau s'emploie pour les voûtes droites en plafond et la clef sert pour les diverses voûtes courbes.

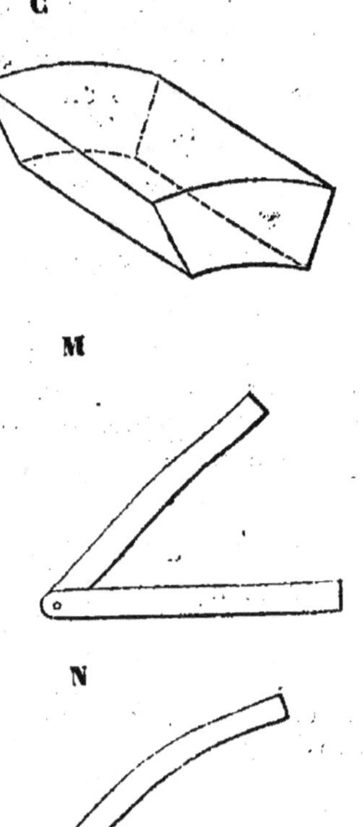

Dans l'art de la coupe des pierres, on fait usage d'un certain nombre d'instruments que nous ne pouvons pas décrire ici; on emploie des *règles*, des *équerres*, des *compas*, des *fausses équerres*.

La *sauterelle* **M** est un instrument formé de deux règles droites assemblées par une extrémité, et pouvant s'ouvrir de manière à laisser prendre l'ouverture des angles rectilignes formés par les faces des pierres ou la rencontre de deux plans.

Le *beuveau* **est** une sauterelle dont l'une des deux règles assemblées possède des arêtes courbes. Cet instrument sert à prendre la mesure des angles mixtilignes, c'est-à-dire formés par une ligne droite et une ligne courbe.

Dans nos LEÇONS NORMALES DE GÉOMÉTRIE, nous avons parlé des courbes usuelles appelées *ellipse*, *parabole* et *hyperbole*; nous allons donner, dans ce paragraphe, quelques développements relatifs aux courbes régulières nommées *cycloïdes*, *épicycloïdes* et *spirales d'Archimède*. Avant de parler de ces courbes, nous présenterons quelques *notions générales* sur les courbes.

1° NOTIONS. — On donne le nom de *tangente* à toute droite qui unit deux points infiniment voisins d'une ligne courbe, telle est **AB** (*fig.* 96). Comme la distance de ces points est inappréciable à l'œil, on les considère comme se confondant en un seul qui prend le nom de point de contact C.

La ligne courbe peut généralement être traversée par l'une de ses tangentes en un ou plusieurs points. Cette circonstance ne saurait se présenter lorsque la ligne est convexe.

On donne le nom de *normale* à la ligne perpendiculaire *ab*, tirée sur une tangente par le point de contact. Tous les rayons des circonférences sont des normales.

Les *ordonnées* sont des perpendiculaires abaissées des divers points d'une courbe sur une droite à laquelle elle est rapportée; telles sont les lignes *m*, *n*, *o*, *p*, *r*, *s* (*fig.* 97). Les plus grandes et les plus petites ordonnées correspondent évidemment aux points dont les tangentes sont parallèles à la droite.

On appelle *sous-tangente* et *sous-normale* les distances *bd* et *ba* du pied *b* d'une ordonnée *bc* aux pieds *a* et *d*, de la tangente *cd* et de la normale *ac* tirées par l'extrémité *c* de cette ordonnée *bc*.

L'*assymptote* AB (*fig.* 98) est une ligne droite dont une courbe indéfinie s'approche de plus en plus et aussi près qu'on le veut sans toutefois pouvoir jamais l'atteindre.

L'ordonnée *a* d'un point variable sur une courbe rapportée à l'une de ses tangentes décroît et tend à s'anéantir à mesure que l'on s'avance vers le point de contact; cette propriété subsiste encore quand la courbe est illimitée et qu'il s'agit de la tangente dont le point de contact est situé à l'infini; cette droite, si d'ailleurs elle ne passe pas elle-même à l'infini, est une *assymptote*.

On dit qu'une courbe tourne en un point *m* (*fig.* 99) sa *concavité* ou sa *convexité* vers une droite PR, selon que l'ordonnée *am* de ce point est plus grande ou plus petite que la demi-somme *pm* des ordonnées infiniment voisines équidistantes *a'*, *m'*, *a"*, *m"*.

Le *point d'inflexion* est celui où la concavité d'une courbe se change en convexité ou réciproquement (*fig.* 100). De ce qu'une courbe est toujours convexe du côté de sa tangente, il résulte que la tangente en un point d'inflexion est aussi une sécante.

On nomme *point multiple* (*fig.* 101) celui où viennent se croiser deux ou plusieurs branches d'une même courbe. Généralement on remarque qu'il existe au point multiple autant de tangentes que de branches.

Le *point de rebroussement* (*fig.* 102) est celui où deux branches d'une même courbe viennent se terminer brusquement.

La tangente de ce point est commune aux deux branches. On distingue le rebroussement de première et de deuxième espèce suivant que les convexités des deux branches sont opposées ou tournées dans le même sens.

On appelle *axe* et *centre* d'un courbe les droites (*fig.* 103) et le point désignés jusqu'alors sous le nom d'axe et de centre de symétrie. L'axe est *transverse* lorsqu'il rencontre la courbe en un ou plusieurs points auxquels on donne le nom de *sommets*.

Un axe est *non transverse* quand il ne rencontre pas la courbe.

La perpendiculaire bc (fig. 104), menée à un axe ab par le sommet a, est une tengente, car si cette droite coupait la courbe en un second point, le milieu de la corde obtenue devrait se trouver sur l'axe ab, ce qui n'est pas possible. Les tangentes tirées aux extrémités d'une droite qui passe par le centre sont parallèles (fig. 105); en effet, si par le centre on tire deux droites ab, $a'b'$ infiniment voisines, on obtient $oa = ab$, $oa' = o'b'$, et par suite, la figure aa' bb' est un parallélogramme : donc les tangentes aa' bb' sont parallèles.

2° CYCLOÏDES. — On nomme *cycloïde* la courbe décrite par un point du plan d'un cercle qui roule sans glisser sur l'une de ses tangentes.

Quand on suit de l'œil la ligne que parcourt l'un des clous de la bande d'une roue de voiture en mouvement, on a l'idée de la forme de la *cycloïde*.

Considérons une circonférence O tangente à la droite AB, et supposons que cette circonférence roule sans glisser sur une ligne droite AB, le point A décrira, à chaque révolution complète, une courbe ACB qui est une portion de cycloïde, et il est évident que la corde AB de cette courbe est égale au développement de la circonférence O. Pour décrire la portion de cycloïde ACB, on divise en un même nombre de parties égales la circonférence O et la droite OD parallèle et égale à son développement AB, on mène par chaque point de division de la circonférence des parallèles à AB, et l'on décrit des arcs de cercle des points de division de la droite OD, en prenant ces points de division comme centres et un rayon égal à AO : les points de rencontre avec les parallèles à OD donnent autant de points 1, 2, 3, etc., de la courbe cherchée. Le tracé de la cycloïde est employé pour la détermination de la courbure des dents d'une crémaillère qui fait marcher une lanterne ou roue particulière d'engrenage.

Une *cycloïde* est *ordinaire* quand le point décrivant est situé sur la circonférence génératrice; elle est *rallongée* lorsque le point lui est intérieur; enfin, elle est *raccourcie* quand le point est extérieur. La tangente fixe sur laquelle se forme la cycloïde est appelée directrice.

3° ÉPICYCLOÏDES.—*L'épicycloïde* diffère de la *cycloïde* en ce que le cercle générateur roule sur un autre cercle au lieu de rouler sur une ligne droite. On trace une portion d'épicycloïde ADB en prenant d'abord un centre O pour le cercle mobile et en considérant un point A capable de décrire la courbe; on considère C comme le cercle fixe sur la circonférence duquel roule le cercle mobile; on divise en un même nombre de parties égales la circonférence O et son développement AB, et du point C comme centre, on décrit des arcs de cercle qui ont pour rayons les distances de ce point aux points de division de la circonférence O. On fait passer des droites par le point C et par chaque point de division de l'arc; on décrit des arcs de cercle d'un rayon égal à AO, en prenant pour centres les points déterminés sur OE par la rencontre des lignes tirées du point C et passant sur les points de division de AB : les points 1, 2, 3, etc., où ces arcs de cercles successifs couperont les arcs concentriques correspondants, seront autant de points de la courbe demandée.

On peut citer comme application de l'épicycloïde la construction de certaines dents d'une roue engrenant avec une lanterne, et ces dents ne diffèrent de celles qui sont formées par des arcs de cycloïdes qu'en ce que ces arcs sont remplacés par ceux de l'épicycloïde.

4° SPIRALE D'ARCHIMÈDE.— Si l'on suppose que le rayon AB

d'un cercle A (fig. 108) tourné autour du centre pendant qu'un point parti de ce centre s'avance sur le rayon, de telle sorte que le rapport de AB à la ligne droite (parcourue par le point) soit constamment le même que célui de la circonférence à l'arc (parcouru dans le même temps par l'extrémité B du rayon) la courbe décrite est une *spirale d'Archiméde.*

Considérons donc le rayon AB et supposons-le dans la position AC après un quart de révolution, le point générateur arrivé en D, aura parcouru le quart AD du rayon. Après une demi-révolution, le même point sera en E, milieu de AF; après $\frac{3}{4}$ de révolution, il se trouvera en G (au $\frac{3}{4}$ de AH); enfin, après une révolution entière, ce point se confondra avec l'extrémité B du rayon, et l'on aura obtenu l'arc de spirale ADEGB. Après cette première révolution, le rayon et le point générateur continuant leurs mouvements suivant la même loi, il en résulte qu'à la fin de la deuxième révolution, la distance du point générateur au centre A se trouve égale au double du rayon AB; qu'à la fin de la troisième révolution, cette distance soit le triple du rayon, et ainsi de suite. On voit qu'on pourra prolonger indéfiniment le tracé de la courbe. Le cercle A, dont le rayon est parcouru pendant une révolution, est appelé *cercle régulateur*, et l'on donne le nom de *spire* à chaque arc, tel que ADEGB, obtenu par une révolution complète.

Pour tracer la spirale d'Archimède, on divisera le rayon AB (fig. 109) et la circonférence du cercle régulateur en un même nombre de parties égales; on joindra le centre A à tous les points de division de la circonférence, et l'on décrira avec les rayons A1, A2, A3... des arcs de cercle dont les intersections avec les rayons AI, AII, AIII..., portant les mêmes numéros, serviront à déterminer un premier tour de spire; on en obtiendra un deuxième en prolongeant le rayon AB d'une quantité égale à lui-même; en les divisant dans le même nombre de parties égales, et en décrivant du centre A des arcs de cercle passant par les nouveaux points de division et dont les intersections avec les rayons AI, AII....., prolongés suffisamment, donneront autant de points de la courbe; on tracera d'une manière semblable un troisième, un quatrième tour de spire, et ainsi de suite.

Les moulures de quelques volutes présentent la forme de la spirale d'Archimède; dans ce cas, la volute est formée de deux spirales ayant leur origine au centre du même cercle régulateur, et auxquelles on donne le nom de *spirales compagnes*. Leur tracé s'opère en partant de deux rayons différents, et de manière à séparer les deux spirales d'une distance voulue; si l'une, par exemple, a été tracée en partant du rayon AB (fig. 110), et l'autre en partant du rayon AB', l'épaisseur de la volute sera le quart du rayon; cette épaisseur serait égale à la moitié du rayon, si la deuxième spirale partait du rayon AB", et ainsi de suite. Les grilles et les rosaces de l'architecture gothique renferment quelquefois des spirales croisées formées de deux spirales égales, mais tournées en sens contraire, et dont la réunion présente la forme de cœurs (fig. 111).

Dans les arts, on a souvent besoin de produire des courbes dont le tracé n'est assujetti à aucune loi fixe : dans ce cas, le goût est le guide principal. Souvent on remplace les courbes irrégulières par des arcs de cercle tangents entre eux; on fera observer que moins la différence des rayons de deux arcs consécutifs est considérable, plus la courbe obtenue a de continuité et de grâce. Ainsi, par exemple, s'il s'agit de tracer une anse de panier (courbe surbaissée) à trois centres, dont la corde AB et la flèche CD soient données (fig. 112), on a reconnu que, pour avoir le moins possible de différence entre les rayons à décrire, il fallait porter sur AD, de D en E des cercles, une longueur DE égale à BF, différence de la demi-corde BC et de la flèche CD; élever sur le milieu de AE une perpendiculaire GH, et que les points K et G étaient les centres des arcs tengents AH et H DL.

Le troisième centre servant à décrire l'arc BL qui complète l'anse du panier ADB, est évidemment placé dans une position symétrique par rapport au centre K. Toutefois, une pareille courbe n'aura jamais la grâce d'une demi-ellipse, et si on la lui préfère quelquefois, ce n'est qu'à cause de la plus grande facilité de son tracé.

Pour terminer ce paragraphe, nous allons encore examiner quelques propriétés relatives aux courbes, et nous indiquerons les procédés à suivre pour raccorder deux alignements rectilignes différents au moyen d'une courbe régulière qui soit tangente à la fois à chacun d'eux, ces derniers étant fort utiles pour le dessin régulier des parties courbes des chemins de fer, etc.

Lorsque l'on divise une ligne courbe en parties égales et que l'on trace des tangentes par tous les points de division, les déviations de chaque partie de la courbe, par rapport à la tangente correspondante, indiqueront ses divers degrés de courbure, en sorte que la courbure moyenne d'une certaine étendue de courbe sera exprimée en divisant par sa longueur la quantité dont elle se détourne de la ligne droite menée tangentiellement à l'une de ses extrémités. D'après cela, il résulte :

1° Que la courbure d'une circonférence est la même en toutes ses parties;

2° Que les courbures de deux circonférences sont en raison inverse de leurs rayons, c'est-à-dire que si l'une d'elles a un rayon double, triple, etc., de l'autre, sa courbure sera deux fois, trois fois, etc., moindre, car en appelant R et r les rayons des deux circonférences, les quantités dont on se détourne de la ligne droite, en les décrivant, seront pour l'une et l'autre de 360°, et leurs longueurs étant représentées par $3{,}14 \times 2R$ et par $3{,}14 \times 2r$, le rapport de la courbure de la première à la courbure de la deuxième sera exprimé par le quotient des deux fractions

$$\frac{360}{3{,}14 \times 2R} \text{ et } \frac{360}{3{,}14 \times 2r}, \text{ ou par } \frac{360}{3{,}14 \times 2R} \times \frac{360}{3{,}14 \times 2r}, \text{ produit}$$

qui se réduit à $\frac{r}{R}$ en supprimant les facteurs communs 360, $3{,}14$ et 2.

La propriété que possède la circonférence d'avoir une courbure constante fournit le moyen de déterminer approximativement un arc de cercle dans le tracé des parcs et des jardins; A étant l'origine de l'arc de cercle à tracer (fig. 113), on plantera en ligne droite trois jalons équidistants A, B, C, puis un quatrième D en dedans de la ligne ABC, mais de telle sorte que BD = BC. Dans l'alignement BD, on placera un cinquième jalon E, distant du point D d'une quantité DE = BD; un sixième jalon F sera disposé en dehors de l'alignement BDE, de manière que DF = DE et que EF = CD; et en continuant ainsi, les points A, B, D, F, H..... dessineront un arc de cercle. Tous les jalons sont plantés à vue et sans mesure; on se dispensera même ordinairement de placer les jalons C, E, G, etc., parce qu'avec un peu d'habitude il est facile d'apprécier les déviations CD, EF, GH, etc., et l'on parvient à tracer, par ce procédé, des arcs de cercle d'une régularité suffisante pour l'objet dont il s'agit, et dont les rayons seront d'autant moindres que les distances CD, EF, etc., seront plus considérables. Le même procédé est applicable au tracé d'une ligne de courbures inégales; pour cela, il suffit de faire varier les distances CD, EF, GH.....; mais comme il importe d'éviter les inflexions brusques, qui sont peu gracieuses, les variations des distances CD, EF, GH, etc., doivent être progressives. Si la courbe à dessiner doit, comme il arrive souvent, passer par des points donnés d'avance, on commencera par faire un premier tracé approximatif dont le raccordement avec les points donnés s'obtiendra à l'aide de quelques légers tâtonnements.

La circonférence, en raison de sa courbe constante, est très-propre à mesurer les courbures d'une ligne en ses diverses parties : en effet, soit la courbe ABCDEF (fig. 114), si on la divise en parties très-petites et qu'on élève des perpendiculaires sur le milieu des cordes réunissant deux points de division consécutifs, chacune de ces perpendiculaires rencontrera la suivante en un point qui sera le centre d'un arc de cercle passant par trois points consécutifs de la courbe, et pouvant remplacer la partie correspondante de cette courbe. Comme AG, BH, CK, etc., représentent ces diverses perpendiculaires, leurs points de rencontre G, H, K, etc., seront les centres d'une série d'arcs tangents entre eux et remplaçant la courbe ABCDEF ; les rayons BG, CH, DK, etc., de ces arcs de cercle pourront en outre être considérés comme des normales à la courbe, et les rapports de leurs longueurs serviront à déterminer ceux des courbures de ses diverses parties, c'est pourquoi l'on a donné à ces rayons ou normales le nom particulier de *rayons de courbure*; les cercles qu'ils serviraient à décrire ont été appelés *cercles osculateurs* de la courbe.

Les points de rencontre G, H, K, etc., des normales ou rayons de courbure consécutifs de la courbe ABCDEF, dessinent une nouvelle courbe GHKLM ayant pour tangentes les normales AG, BH, CK, etc., à la première, et pouvant à son tour servir à décrire cette première courbe ; car si l'on suppose un fil AGHKLM fixé au point

M et tendu sur la courbe GHKLM, et qu'en la conservant tendue, on l'éloigne successivement de cette courbe, son extrémité A décrira la première courbe ABCDEF. C'est par cette raison qu'on a donné le nom de *développante* à la courbe décrite ABCDEF, et celui de *développée* à la courbe GHKLM, dont le développement produit la première courbe. Une développée et sa développante sont donc deux courbes telles, que les tangentes de l'une sont normales à l'autre ; et l'on voit qu'une développée peut avoir une infinité de développantes, puisque rien ne s'oppose à ce qu'on fasse varier la longueur AG de la tangente extrême de la développée. Dans les arts, on renonce souvent à l'emploi de certaines courbes, parce qu'on ne peut les tracer d'un mouvement continu ; la connaissance de leurs développées lèverait donc cet obstacle ; il faut même remarquer que le tracé de la développante au moyen de la développée ne serait pas elle-même continue et se trouverait remplacée par une portion de polygone, telle que GHKLM ; cela est évident.

La développante du cercle est susceptible de plusieurs applications dans les arts : on citera le tracé des *cames*, destinés à transformer dans certaines machines un mouvement de rotation en un mouvement rectiligne. Ainsi, par exemple, lorsqu'on veut concasser certaines substances, à l'aide d'une série de pilons, auxquels un mouvement alternatif vertical doit être imprimé par un arbre de rotation horizontal ABC (fig. 115), on munit celui-ci de cames ou saillies d'une forme particulière, telles que CDEF, qui viennent successivement soulever chaque pilon MN au moyen d'un *mentonnet* CG. Les pilons étant maintenus entre les guides, qui ne leur permettent qu'un mouvement vertical, le mentonnet CG se trouve toujours dans une position horizontale, et il faut que dans toute l'étendue de son mouvement la surface de la came lui soit constamment tangente, afin d'éviter les *à coup* si nuisibles à la conservation des machines. C'est pour cette raison qu'on donne à la courbure CDEF de chaque came la forme de la développante d'un arc de cercle ABC, car chaque normale DH, EK, FL de cette développante devenant successivement verticale par suite du mouvement de rotation de l'arbre, se trouve perpendiculaire à la position correspondante de l'horizontale CG, et celle-ci sera constamment tangente à la courbe CDEF. Si la verticale CI représente l'étendue de l'excursion du moutonnet, le point F où la circonférence décrite du point O comme centre, avec le rayon OI, rencontrera la développante CDEF, déterminera l'extrémité de la came, puisque FL se confondra avec CI, lorsque le point L sera parvenu en C; on sait d'ailleurs que FL représente le développement de l'arc CHKL.

La construction de la développante du cercle est également nécessaire pour le tracé des dents d'une roue d'engrenage faisant marcher une crémaillère; on voit en effet, par la figure 116 que la courbure de chaque dent doit être constamment tangente aux flancs des vides de là crémaillère.

Examinons enfin les procédés à suivre pour raccorder deux alignements rectilignes différents, au moyen d'une courbe régulière qui soit tangente à la fois à chacun d'eux.

Supposons d'abord que ASB (fig. 117) étant l'angle des deux directions à raccorder par une courbe, les points de contact A et B se trouvent situés à égales distances du sommet; on divisera les deux angles égaux SAB, SBA en un même nombre de parties égales, en quatre, par exemple, à l'aide d'un graphomètre; on plantera des jalons aux points de rencontre des droites SB et SA avec les lignes de division, et les points d'intersection des droites A1 et B1, A2 et B2, A3 et B3, appartiendront à un arc de cercle tangent en A et B aux alignements SA et SB.

Il est facile de prouver que dans ce cas la courbe ACDEB est un arc de cercle, car dans les triangles ACB, ADB, AEB, le sommet des angles à la base représentant toujours un des angles égaux SAB, SBA, les angles au sommet ACB, ADB, AEB seront égaux et devront être inscrits dans un même arc de cercle. On reconnaîtra aussi que les droites SA SB sont tangentes à l'arc ACDEB, puisque les angles SAB, SBA, étant supplémentaires des angles ACB, ADE, AEB auront pour mesure la moitié de cet arc.

En appliquant le même procédé lorsque les deux distances SA et SB sont inégales, c'est-à-dire en divisant toujours les deux angles inégaux SAB et SBA, en un même nombre de parties égales, on obtient un arc de parabole tangent aux deux droites SA et SB. On se bornera à énoncer ce résultat sans en donner de démonstration. On pourra également employer dans le même but les trois procédés suivants qui fourniront des arcs de parabole tangents aux deux directions rectilignes, quel que soit le rapport des distances de leur point de rencontre aux deux points de contact.

1° On joindra le milieu C de AB (fig. 118) avec le point S, et le milieu D de SC sera un point de la courbe. Menant ensuite par les milieux de SA et de SB la droite EDF, on exécutera dans les deux angles AED et BFD des opérations semblables à celle que l'on a faite dans l'angle ASB pour avoir de nouveaux points de la courbe, et en continuant de la même manière on déterminera autant de points qu'on le désire.

2° On divisera AS et BS (fig. 119) en un même nombre de parties égales; on joindra tous les points de SB, en commençant par le point B, avec tous les points de SA, en commençant par le point de division 1 de cette ligne, et les intersections de deux droites consécutives, prises dans l'ordre du tracé, seront autant de points de la courbe cherchée.

3° On déterminera un point D (fig. 120) de la courbe comme dans le premier cas; puis, partant sur SC, au-dessus et au-dessous du point D, des distances égales DE et DF, les intersections des alignements AF et BE, AE et BF seront de nouveaux points G et H de la courbe. On en obtiendrait d'autres couples en prenant, à partir du point D, des distances égales autres que DE et DF.

Pour terminer, nous ferons observer qu'on peut comparer les diverses courbures d'une surface en déterminant les rapports des courbures des sections planes faites dans la surface par un même point; c'est ainsi que dans un cylindre circulaire, la courbure est nulle dans le sens des arêtes, et égale à celle du cercle générateur dans le sens de la section perpendiculaire aux arêtes.

Nous avons emprunté une grande partie de ces notions à l'excellent ouvrage de géométrie par *Lacroix*.

Dans le chapitre suivant, nous allons donner une idée des *transversales rectilignes*; nous présenterons quelques théorèmes et quelques problèmes afin de faire voir l'utilité de ces lignes remarquables.

CHAPITRE III.

1. On nomme *transversales rectilignes* des lignes droites qui traversent d'une manière quelconque l'ensemble de plusieurs autres lignes droites.

2. La théorie des transversales rectilignes a pour but de traiter des relations de longueur entre des systèmes quelconques de droites se coupant d'après des lois déterminées.

3. Nous allons simplement, dans ce chapitre, donner quelques théorèmes et quelques problèmes relatifs aux *transversales rectilignes*; nous devons cet article à *M: Idoux.*

THÉORÈME I. — *Quand on prolonge indéfiniment les trois côtés d'un triangle ABC, si l'on mène une transversale quelconque qui les coupe tous trois, cette ligne y déterminera six segments tels que le produit de trois d'entre eux, non consécutifs, est égal au produit des trois autres (fig. 121).*

DÉMONSTRATION. — Soit la transversale A'C' qui coupe les deux côtés AC et BC en A' et en B', ainsi que le prolongement du côté BA au point C'; je dis que l'on a
$$AB' \times CA' \times BC' = CB' \times BA' \times AC' :$$
En effet, si par le sommet A on mène la droite AD parallèle à la base BC du triangle ABC, les triangles ABD et AB'C seront semblables et donneront :
$$AB' : CB' :: AD : CA',$$
d'où l'on tire $AB' \times CA' = CB' \times AD.$

De même les triangles AC'D et BC'A' seront semblables et donneront :
$$BC' : AC' :: BA' : AD,$$
d'où l'on tire $BC' \times AD = BA' \times AC'.$

En multipliant membre à membre ces deux dernières égalités, et en omettant le facteur commun AD, on aura :
$$(a)\ldots\ldots AB' \times CA' \times BC' = CB' \times BA' \times AC' \ (C.\ Q.\ F.\ D.).$$

REMARQUE. — La transversale A'C' peut passer en dedans du

triangle comme dans la figure 1, ou être tout entière située en dehors comme dans la figure 2. Dans tous les cas, les points de division sont toujours en nombre pair sur les côtés mêmes du triangle, et en nombre impair sur leurs prolongements.

THÉORÈME II. — *Réciproquement, si trois points sont distribués un à un sur les directions des trois côtés d'un triangle de manière que des six segments qu'ils forment sur ces côtés, le produit de trois segments, non consécutifs, soit égal au produit des trois autres, et de plus si ces trois points sont en nombre impair sur les prolongements des côtés, ils appartiennent tous trois à une même droite.*

DÉMONSTRATION. — Supposons que l'on ait $AB' \times CA' \times BC' = CB' \times BA' \times AC'$, je dis que les trois points A', B', C' sont en ligne droite :

En effet, si le point A' n'était pas en ligne droite avec les deux autres B' et C', admettons que le point A″ le soit : alors on aurait $AB' \times CA'' \times BC' = CB' \times AC' \times BA''$, ce qui est impossible, puisqu'en divisant membre à membre ces deux égalités on aurait $CA' : CA'' :: BA' : BA''$.

COROLLAIRE 1. — *Toute transversale parallèle à l'un des côtés d'un triangle divise les deux autres (prolongées s'il le faut) en segments proportionnels.*

En effet, si la transversale A'B'C' devient parallèle au côté AB, on doit considérer le point où elle rencontre ce côté comme situé à l'infini : alors les deux segments AC' et BC' qu'elle déterminera sur ce côté seront tous deux infiniment grands et par conséquent égaux entre eux. En retranchant ces deux facteurs égaux de l'égalité précédente on aura :
$$AB' \times CA' = CB' \times BA',$$
d'où l'on tire : $AB' : BA' :: CB' : CA'$ (*C. Q. F. D.*).

COROLLAIRE 2. — *Toute transversale qui passe au milieu de l'un des côtés d'un triangle coupe les deux autres côtés en quat. segments proportionnels.*

En effet, si $BA' = CA'$, l'égalité (a) devient
$$AB' \times BC' = CB' \times AC'$$
d'où l'on tire : $AB' : CB' :: AC' : BC'$ (*C. Q. F. D.*).

THÉORÈME III. — *Si par un point D pris dans le plan d'un*

triangle ABC et par chacun de ses sommets on mène une transversale au côté opposé, on obtiendra six segments tels que le produit de trois d'entre eux, non consécutifs, est égal au produit des trois autres (fig. 122).

DÉMONSTRATION. — Le triangle ACA′ coupé par la transversale BDB′ donnera en vertu du Th. I : $AB' \times CB \times A'D = CB' \times BA' \times AD$. De même le triangle ABA′ coupé par la transversale CDC′ donnera $AC' \times CB \times A'D = BC' \times CA' \times AD$.

En multipliant en croix ces deux égalités, et en supprimant les facteurs CB, A′D et AD communs aux deux membres on aura :

$$(b) \ldots\ldots AB' \times CA' \times BC' = CB' \times BA' \times AC' \quad (C. \ Q. \ F. \ D.).$$

REMARQUE. — Le point D peut être pris dans l'intérieur du triangle (1ʳᵉ fig.) ou en dehors du triangle (2ᵉ fig.). Dans tous les cas, les pieds des transversales sont toujours en nombre impair sur les côtés mêmes du triangle, et en nombre pair sur leurs prolongements.

THÉORÈME IV. — *Réciproquement, si trois points sont distribués un à un sur les directions des trois côtés d'un triangle, de telle manière que des six segments qu'ils forment sur les côtés, le produit de trois d'entre eux, non consécutifs, soit égal au produit des trois autres, et de plus, si ces trois points sont en nombre impair sur les côtés mêmes, les droites, menées par chacun d'eux à l'angle opposé, concourent en un même point.*

DÉMONSTRATION. — La démonstration de ce théorème est absolument la même que celle du théorème précédent.

COROLLAIRE 1. — *Les hauteurs d'un triangle se coupent toutes trois en un même point.* Car en comparant deux à deux les six triangles rectangles formés par les trois perpendiculaires AA′, BB′, CC′ (fig. 123), on voit qu'ils ont deux à deux un angle aigu commun, et que par conséquent ils sont semblables deux à deux, savoir :

$$ABA' = C'BC, \quad BAB' = C'AC, \quad ACA' = B'CB.$$

On en déduit successivement :

$$AB : BC :: A'B : BC'; \quad AC : AB :: AC' : AB' \ \text{et} \ BC : AC :: B'C : A'C.$$

En multipliant ces proportions terme à terme, et en effectuant les produits des extrêmes et celui des moyens, si l'on omet les facteurs communs, on trouve :

$$BA' \times AC' \times CB' = BC' \times AB' \times CA'.$$

On voit d'ailleurs que les trois points A', B', C' sont en nombre impair sur les côtés, et en nombre pair sur leurs prolongements; il en résulte donc que les trois hauteurs se coupent en un même point.

Corollaire 2. — *Si l'un des côtés du triangle, par exemple* BC (fig. 122), *se trouve divisé par la transversale correspondante* AA' *et deux parties égales* BA' = A'C, *les deux autres côtés seront divisés en parties proportionnelles*, car alors l'égalité (*b*) deviendra :

$$AB' \times BC' = CB' \times AC',$$

d'où l'on tire AB' : CB' :: AC' : BC'.

On conclut en outre *que la droite* B'C' *qui joindra les deux points* B' *et* C' *sera parallèle à la base du triangle.*

Réciproquement, si la droite B'C' est parallèle à la base BC du triangle ABC, on en conclura CA' = A'B. Car à cause de la parallèle BC, on aura AB' × BC' = CB' × AC'; et à cause de l'égalité (*b*), on en déduira CA' = A'B'; on en conclura encore les trois corollaires qui suivent :

Corollaire 3. — *Si l'on divise les deux côtés* AB *et* AC *d'un triangle* (fig. 122) *en parties proportionnelles aux points* C' *et* B', C" *et* B", C'" *et* B'"... *et que des deux sommets opposés on mène des transversales* BB' *et* CC', BB" *et* CC", BB'" *et* CC'"... *à ces différents points, celles-ci se couperont deux à deux sur la droite* AA' *qui joint le sommet* A *adjacent à ces deux côtés avec le milieu* A' *du troisième côté* : la réciproque sera vraie.

Corollaire 4. — *Si l'on joint le point de rencontre* D *des deux diagonales d'un trapèze* BCB'C' *avec le joint* A *de concours des deux côtés non parallèles, par une droite* AD, *cette droite partagera chacune des deux bases en deux parties égales.*

Corollaire 5. — *Les trois droites menées des sommets d'un triangle au milieu des côtés respectivement opposés, concourent en un même point, situés au deux tiers de chacune de ces trois droites à partir des trois sommets; et les parallèles aux trois côtés, menées par un point situé aux deux tiers de chaque hauteur, concourent en un même point qui n'est autre chose que le précédent.*

Remarque. — Les deux théorèmes qui précèdent sont la base de la géométrie des transversales rectilignes ; ils permettent de résoudre la plupart des problèmes de géométrie à l'aide de la règle seule ; ils fournissent à l'arpentage des moyens faciles de faire un grand nombre de constructions sans d'autre secours que celui de la chaîne et des jalons. Voici les principaux :

Problème I. — *Par un point B′ donné hors d'une droite BC, mener une parallèle à cette droite* (fig. 123).

Solution. — On prend sur BC deux distances égales quelconques BA′ et A′C ; on joint BB′. Par le point A′, on mène une transversale quelconque A′A, qui coupe BB′ en point D, et CB′ prolongée en A ; on joint BA, puis CD ; et le point C′, où la droite CDC′ viendra couper BA sera un second point de la parallèle qui doit passer en B′ (Th. IV, coroll. 2).

Problème II. — *Partager une droite donnée BC en deux parties égales* (fig. 123).

Solution. — Par un point quelconque B′, pris hors de BC, on mène une parallèle B′ C′ à BC ; on prend B′ C′ d'une longueur arbitraire ; on détermine le point A de concours des deux côtés CB′ et BC′ du trapèze BCB′C′. On mène les deux diagonales BB′ et CC′, puis on joint le point A au point D où concourent ces diagonales, par la droite AD : cette droite divise BC en deux parties égales BA′ et A′C (Th. IV, coroll. 4).

Problème III. — *Mesurer sur le terrain une droite inaccessible AC′* (fig. 124).

Solution. — On prend un point quelconque B sur l'alignement de AC′, puis un autre point quelconque A′ sur le terrain. Par les deux points B et A′, on fait passer une droite BA′ que l'on prolonge arbitrairement en C. On marque le point B, où les deux alignements BC et A′C′ se couperont ; on mesure AB′, B′C, AB, BA′, A′C, et la longueur de la droite AC′ aura donné par la formule (*a*) trouvée précédemment, car on aura :

$$AB' \times CA' \times BC' = CB' \times BA' \times AC',$$

ou bien : $AB' \times CA' \times (AB + AC') = CB' \times BA' \times AC'$;

et en tirant de cette égalité la valeur de AC′, on aura enfin :

$$AC' = AB \times \frac{AB' \times CA'}{CB' \times BA' - AB' \times CA'}.$$

PROBLÈME IV. — *Prolonger sur le terrain une droite* AB *au delà d'un obstacle placé en* A *et qui ne permet pas de prendre l'alignement* (fig. 121).

SOLUTION. — On choisit hors de AB un point C d'où on puisse découvrir à la fois les deux points A et B, puis sur les alignements CA et CB, on prend les deux points B′ et A′ tels que la droite A′B′ puisse rencontrer AB sans être arrêtée par l'obstacle. Soit C′ le point où A′B′ devra rencontrer AB. Pour déterminer C′, on considérera AB comme une transversale qui coupe les côtés du triangle A′B′C, et l'on aura :

$$B′C′ \times AC \times BA′ = A′C′ \times AB′ \times BC,$$

ou bien : $B′C′ \times AC \times BA′ = (B′C′ + A′B′) \times AB′ \times BC$;

et en tirant de cette égalité la valeur de B′C′, on aura enfin :

$$B′C′ = A′B′ \times \frac{AB′ \times BC}{AC \times BA′ - AB′ \times BC}.$$

Si donc on mesure les cinq distances A′B′, AB′, BC, AC et BA′, et si l'on calcule la longueur B′C′ ; si sur A′B′ on porte cette longueur de B′ en C′, on aura ainsi l'un des points du prolongement de BA.

On déterminera un second point de ce prolongement en opérant de la même manière, et alors on pourra prolonger AB au delà de l'obstacle.

§ II. — RÉSOLUTION DES PROBLÈMES GÉOMÉTRIQUES PAR L'ANALYSE.

Les diverses règles relatives à la résolution des *problèmes de géométrie* sont les mêmes que celles dont on fait usage pour résoudre les *problèmes numériques* ; voici en quoi elles consistent :

1° On *exprime* les grandeurs connues au moyen des premières lettres de l'alphabet, et celles qui sont inconnues par les dernières.

2° On résoud les équations qui résultent des conditions du problème, et que l'on a exprimées par les signes employés à cet effet. Quand on a autant d'équations que d'inconnues, le problème est *déterminé* ; s'il y en a moins, il est *indéterminé*. (Voir notre volume d'algèbre, page 74, n° 31).

3° On combine les équations jusqu'à ce qu'il en résulte une dernière qui n'a plus que les quantités connues dans un membre et les quantités inconnues dans l'autre. Si l'on parvient à une équation dans laquelle il n'existe qu'une seule inconnue, le problème est *déterminé* ; si, au contraire, après avoir effectué toutes les opérations indiquées par les signes, on obtient, dans la dernière équation, deux ou plusieurs équations, le problème est *indéterminé*.

Maintenant, pour mettre convenablement un problème géométrique en équation, il faut tenir compte des observations suivantes :

1° On comprendra l'esprit de la question, et l'on distinguera les qualités des lignes qui doivent former la figure sur laquelle on veut opérer, car les lignes peuvent être données de position seulement ; elles peuvent être données à la fois de grandeur et de position ou de grandeur seulement ; enfin les lignes peuvent n'être données ni de grandeur ni de position.

2° On regardera le problème comme résolu, et après avoir mené les lignes que l'on aura jugées nécessaires, on exprimera ces lignes comme nous l'avons indiqué précédemment.

3° On fera attention, en nommant les lignes, de choisir les expressions les plus simples ; on emploiera le moins de termes possible, et l'on aura soin de ne jamais nommer les lignes égales ou qui doivent être égales par des lettres différentes.

4° La nature du problème se reconnaîtra par la plus haute puissance de l'inconnue qui se trouve dans l'équation qui sert à le résoudre. Ainsi, soit $x = ab$, qui est une équation du premier degré, le problème est appelé *simple*. Lorsque l'inconnue est élevée à la seconde puissance comme $x^2 = ax + ab$, qui est une équation du second degré, le problème est nommé *plan* ; si l'inconnue est élevée à la troisième ou à la quatrième puissance, le problème est nommé *solide*, comme dans $x^3 = a^2b$ ou $x^4 = a^3b$. Enfin, si l'inconnue est élevée à la cinquième, sixième, etc., puissance, on a un *problème sursolide*. Nous nous bornerons ici aux *problèmes simples* ou *plans*, qui n'exigent que la connaissance des principes de la *géométrie élémentaire*.

5° Quand on sera parvenu à une expression algébrique de l'inconnue, il faudra l'exprimer géométriquement, ce que l'on fera au moyen de certaines opérations dont les principales consistent à trouver des troisièmes, quatrièmes et moyennes proportionnelles ; puis on tirera les racines de la somme et de la différence de plusieurs carrés, opérations très-faciles pour ceux qui connaissent la géométrie.

Lorsqu'on veut résoudre un problème par l'analyse, on considère trois choses : 1° l'*équation*, 2° la *discussion*, 3° la *construction*.

1° ÉQUATION. — Nous avons indiqué plus haut la manière de mettre un problème géométrique en équation, nous n'en parlerons plus ici.

2° Discussion. — Quand on a résolu l'équation ou les équations d'un problème, on *discute*, c'est-à-dire que l'on examine les valeurs trouvées pour l'inconnue ou les inconnues dans les diverses particularités qu'elles peuvent présenter afin de reconnaître si la question est *déterminée, indéterminée* ou *impossible*.

3° Construction. — Pour construire géométriquement les expressions trouvées, on fait usage de la règle et du compas, et l'on suit les procédés que nous allons indiquer dans un problème particulier.

L'exemple qui suit va servir à éclaircir les explications qui précèdent pour résoudre un problème par l'analyse.

Problème. — *Soit proposé de mener une tangente commune à deux cercles extérieurs OA et O'A' (fig. 124).*

1° Équation. — Supposons le problème résolu, et soit AA' une tangente menée extérieurement aux deux cercles proposés. Supposons que cette tangente rencontre en S la droite OO' des centres prolongés. Prenons pour inconnue la distance SO' et représentons par x cette inconnue, par r et r' les deux rayons OA et O'A', et par a la direction des centres OO'. Menons les deux rayons OA et O'A' aux points de contact A et A'. Les deux triangles rectangles SOA, SO'A' seront semblables et donneront OA : O'A' :: SO : SO', d'où l'on tire OA—O'A' : O'A' :: SO—SO' : SO', ou bien $r-r'$: r' :: a : x, d'où l'on tire

$$x = \frac{ar'}{r - r'} \ (1).$$ Cette équation donne la valeur de SO.

2° *Discussion*. — Il s'agit maintenant d'examiner cette valeur de x. On peut voir que tant que l'on aura $r > r'$, la valeur de x sera *positive* et *finie*, et c'est en effet ce qui doit avoir lieu, car si le cercle OA est plus grand que le cercle OA', il est évident que la rencontre de la tangente AA' avec OO' aura toujours lieu à droite du point O' et à une distance *finie* O'S. Si $r = r'$, la valeur de l'inconnu devient $x = \dfrac{ar}{0}$, c'est-à-dire *infinie*, et c'est en effet ce qui doit avoir lieu, car alors les deux cercles étant égaux, les rayons parallèles OA et O'A formeront un rectangle : donc, la tangente AA' sera parallèle à OO', et ne pourra la rencontrer qu'à l'infinie. Enfin, si l'on a $r' > r$, la valeur de x sera *négative* et *finie*, et effectivement la rencontre se fera alors à gauche et au delà du centre O, c'est-à-dire en sens inverse de celui qu'on lui avait supposé par rapport à OO'.

3° *Construction*. — La construction de l'expression est fort simple, car on voit que x est une *quatrième proportionnelle* aux trois droites $r-r'$, r' et a. On mènera deux rayons quelconques OF et O'F' parallèles entre eux, puis la transversale FF' : cette ligne ira couper OO' en S, etc.

Remarque. — Comme du point S on peut mener deux tangentes SA' et SB' au cercle OO', il s'ensuit qu'il y aura deux tangentes communes aux deux cercles et qui les embrasseront extérieurement. Mais on peut remarquer qu'il y en aura évidemment deux autres entre les deux cercles. Il reste donc encore à déterminer ces deux dernières pour compléter la résolution du problème.

Représentons par y la distance S'O' du centre O' au point S' où la tangente CC' coupe la droite des centres OO', et menons les rayons OC et O'C' aux points de contact. Les deux triangles rectangles S'O'C' et S'OC seront semblables et donneront :

$$OC : O'C' :: S'O : S'O' \;(m), \text{ d'où } OC + O'C' : O'C' :: S'O + S'O' : S'O',$$

ou bien
$$r + r' : r' :: a : y, \text{ d'où } y = \frac{ar'}{r + r'} \;(2).$$

Telle est la valeur que donne l'équation du problème, valeur qu'il serait aussi facile de discuter que la première. On remarquera seulement que si $r = r'$, on trouve $y = \frac{1}{2}\,a$, c'est-à-dire que dans le cas des deux cercles égaux, le point S' est au milieu de OO'. Pour construire la valeur (2), on pourrait chercher une quatrième proportionnelle à $r + r'$, r' et a, mais on remarquera que la proportion (m) fait voir que le point S' divise OO' en deux parties S'O et S'O' proportionnelles aux rayons OA et O'A'. Il suffit donc, pour trouver S', d'opérer cette division.

§ III. — APPLICATION DE L'ALGÈBRE A LA GÉOMÉTRIE.

Observation. — Dans notre Cours d'algèbre, nous avons donné tous les principes et les définitions sur lesquels nous ne devons pas ici revenir; nous renvoyons à cet ouvrage ceux de nos lecteurs qui voudront s'exercer sur une partie des mathématiques sans laquelle il n'y a rien à faire en géométrie quand on veut opérer dans tous les cas de ses utiles applications.

Nous avons vu que les signes employés pour exprimer les différentes opérations qu'il faut effectuer sur les quantités connues pour obtenir celles qui sont inconnues sont les suivants :
$$+, \quad -, \quad \times, \quad :, \quad =, \quad <, \quad >,$$
qu'on énonce respectivement :

Plus, moins, multiplié par, divisé par, égale, plus petit, plus grand; on peut dire que ces signes expriment toutes les relations qui existent entre les dimensions de l'étendue.

Ainsi, en considérant deux lignes droites représentées par AB et CD, on aura :

AB $+$ CD pour l'expression de leur somme,

AB $-$ CD pour celle de leur différence,

AB $\times$ CD ou AB.CD pour celle de leur produit,

$\dfrac{AB}{CD}$ pour celle de leur quotient.

Quand on fait la somme ou la différence de deux lignes droites, on obtient évidemment une ligne droite pour résultat. Le produit de deux lignes de différente longueur exprime un rectangle ayant l'une des lignes pour base et l'autre ligne pour hauteur. Enfin, le quotient de la division d'une ligne par une autre exprime le rapport numérique qui existe entre deux droites données.

Remarque. —Lorsqu'on veut exprimer la position des points qui sont liés entre eux par les côtés des figures, on fait usage de deux lettres pour désigner les longueurs de ces droites ; mais quand il s'agit d'indiquer les rapports de grandeur qui existent entre les quantités que l'on compare, et si l'on peut faire abstraction de la position relative de ces quantités, il vaut mieux désigner chaque ligne par une seule lettre. Ainsi, en exprimant respectivement deux droites par m et par n, l'expression $m + n$ représentera leur somme, $m - n$ leur différence, mn leur produit, c'est-à-dire un rectangle dont la base est la ligne droite m, et la hauteur de la ligne droite n ; m^2 désigne un carré ayant m pour côte ; $\dfrac{mn}{2}$ indique la moitié d'un rectangle exprimé par mn, ou ce qui est la même chose, un *triangle* dont la base est m et la hauteur n, ou dont la base est n et la hauteur m.

Pour désigner les quantités connues ou supposées telles, on fait usage des premières lettres de l'alphabet, a, b, c, etc.; les quantités inconnues sont exprimées par les dernières lettres, x, y, z. On verra par la suite que la langue algébrique convient également soit pour faciliter l'étude des principes, soit pour établir la solution des questions.

Examinons maintenant les moyens employés pour trouver quelques principes fondamentaux qui sont d'un grand usage pour résoudre certaines questions de géométrie.

1er Théorème. — *Quand on désigne deux droites respectivement par les lettres* m, n, *nous avons vu précédemment que leur somme est* (m $+$ n).

Démonstration. — Considérant le binôme $m + n$, si on le multiplie par lui-même, on aura pour l'expression du résultat :

(1)... $(m + n)^2 = m^2 + 2\,mn + n^2$, mais le premier membre $(m + n)^2$ est l'expression d'un carré dont le côté est $m + n$; donc si l'on traduit géométriquement la formule $(m + n)^2 = m^2 + 2\,mn + n^2$, on trouve que :

Tout carré qui a pour côté la somme m + n *de deux lignes droites, contient* 1° *le carré* m² *de la première droite* m; 2° *deux fois le rectangle* mn, *ayant pour base l'une des droites* m, *et l'autre ligne* n *pour hauteur;* 3° *le carré* n *de la seconde droite.*

La démonstration du théorème que nous venons d'énoncer est suffisamment complète, et le résultat peut être considéré comme un corollaire évident du principe de la multiplication algébrique; mais, pour lever tous les doutes, et préparer à l'emploi simultané des langages algébrique et géométrique, nous allons, par une construction, mettre en évidence la rigoureuse exactitude de la formule.

Soit (fig. 125) AB $= a$, BC $= b$, on aura AC $= a + b$; de sorte que le grand carré ACDN représente le premier membre de l'équation (1). Mais il est évident que ce carré contient les termes qui composent le second membre, et que l'on peut considérer la figure comme la traduction géométrique de la formule.

2ᵉ Théorème. — *Si l'on multiplie par lui-même le trinôme* a + b + c, *on obtiendra l'équation*

$$(a + b + c)^2 = a^2 + 2ab + 2ac + b^2 + 2bc + c^2.$$

Cette relation est rendue évidente par la construction de la *fig.* 126, dans laquelle on a supposé que

$$AB = a; \quad BC = b; \quad CD = c.$$

Le carré ABOH, qui représente le premier membre de l'équation, contient évidemment tous les termes qui composent le second membre.

3ᵉ Théorème. — *Le produit du binôme* (a — b) *par lui-même donne l'équation*

$$(a - b)^2 = a^2 - 2ab + b^2.$$

Pour mettre en évidence les relations exprimées par cette

formule, nous supposerons (fig. 127) que $AB = a$, et nous construirons le carré ABCD, qui, par conséquent, vaudra a^2.

Nous ferons ensuite $BO = b$, et nous construirons le carré $BOKH = b^2$.

Ainsi la figure totale $AOKHDC = a^2 + b^2$.

Supposons actuellement $AS = b$, le rectangle ASCM vaudra ab, et si l'on prolonge KH jusqu'au point N, le rectangle SOKN sera encore égal à ab, puisqu'il aura pour hauteur $OK = b$, et pour base OS, qui vaut

$$AB + BO - AS = a + b - b = a.$$

Or, si de la figure totale on retranche les deux rectangles ASMC, SORK, il restera le carré MDNH, dont le côté $MD = CD - CM = a - b$.

Ainsi, en résumant, on aura

$$MDHN = ABCD + BOCK - ASMC - SOKN:$$

ou, ce qui est la même chose,

$$(a - b)^2 = a^2 + b^2 - 2ab.$$

En général, *le carré qui a pour côté la différence* a — b *de deux droites contient le carré* a² *de la première droite, plus le carré* b² *de la seconde droite, moins deux fois le rectangle qui aurait ces droites pour côtés.*

4ᵉ THÉORÈME. — *Si l'on multiplie le binôme* (a + b) *par le binôme* (a — b), *on aura*

$$(a + b)(a - b) = a^2 - b^2.$$

En effet, supposons (fig. 128) $AB = a$ et $BC = b$. Il est évident que la figure ACKODH vaudra $a^2 - b^2$. Mais si l'on transporte le rectangle ACKM à la place occupée par le rectangle DOPS, on aura

$$HMPS = HMOD + DOPS,$$
$$DOPS = MACK,$$
$$HMOD + MACK = ACKODH,$$
$$ACKODH = \overline{AB}^2 - \overline{BC}^2.$$

Ajoutant et réduisant, il restera

$$HMPS = \overline{AB}^2 - \overline{BC}^2,$$
$$\text{ou} \quad HS \times PS = \overline{AB}^2 - \overline{BC}^2,$$

et par conséquent $(a + b)(a - b) = a^2 - b^2$;

c'est-à-dire que *le rectangle qui a pour base la somme* a + b *de deux droites, et pour hauteur la différence a — b de ces mêmes droites, est égal à la différence a² — b² des carrés de ces droites.*

RÉCIPROQUEMENT. — *Toutes les fois que l'on aura un binôme égal à la différence des deux carrés, on pourra le décomposer en deux facteurs, représentés par la somme et par la différence des côtés de ces carrés. Ainsi on aura*

$$\overline{AB}^2 - \overline{BC}^2 = (AB + BC)(AB - BC),$$
$$p^2 - q^2 = (p + q)(p - q),$$
$$m^2 - n^2 = (m + n)(m - n),$$
$$(a + b)^2 - (a - b)^2 = [(a + b) + (a - b)][(a + b) - (a - b)]$$
$$= (a + b + a - b)(a + b - a + b) = 2a \times 2b = 4ab.$$

ERRATA

Quelques indications de figures ayant été omises, nous les relevons ici afin de faciliter les recherches dans les planches, et nous engageons les élèves à corriger immédiatement ces erreurs au crayon.

Pages	lignes	
33	18	9 kilogrammes, *lisez* : 9 hectogrammes.
61	10	(en montant) ligne BP, *lisez* : ligne BC.
84	13	(en montant) *fig.* 87, *lisez* : *fig.* 89.
88	7	(en montant) *fig.* 88, *lisez* : *fig.* 90.
96	7	tirée sur une, *lisez* : (fig. 97) tirée sur une.
96	7	(en montant) a', m', a'', m''. *lisez* : $a'\,m'$, $a''\,m''$.
97	8	(en montant droite AB, *lisez* : droite AB (fig. 105).
98	17	d'épicycloïde ADB *lisez* : d'épicycloïde ADB (fig. 107).

CHAPITRE IV

PRÉCIS DE GNOMONIQUE PRATIQUE

Observation. — Nous pensons intéresser MM. les professeurs en donnant ici un *Précis de Gnomonique* à l'aide duquel ils pourront donner à leurs élèves une idée de l'*art de tracer les cadrans solaires*. C'est un exercice qui n'est pas sans intérêt et qui a quelques rapports avec la géométrie (1).

On appelle *gnomonique* la science qui enseigne à construire les *cadrans solaires*. Un *cadran solaire* est un dessin formé par un assemblage de lignes qui ont été décrites d'après certaines règles, et dont la position est combinée avec une tige métallique nommée *gnomon*, implantée dans le dessin et placée de telle manière que l'heure est indiquée par la coïncidence de l'ombre de cette tige avec les lignes du cadran.

Le *style* d'un cadran solaire peut-être considéré comme faisant partie de l'axe du monde dans la direction duquel il est toujours placé.

Un point quelconque de la surface de la terre (vu la grande distance du soleil et la petitesse de notre globe) peut être considéré, sans erreur sensible, comme le centre de la sphère. Un style qui passe par ce point et qui est dirigé vers le pôle est l'axe autour duquel le soleil fait sa révolution journalière.

Toutes les lignes horaires tracées sur un cadran solaire sont les intersections des plans horaires avec la surface du cadran. Comme le soleil paraît tourner sans relâche autour de la terre, et comme ce mouvement se fait avec une parfaite uniformité

---

(1) Dans notre *Répertoire du Géomètre-Arpenteur*, nous développons complétement tout ce qui peut intéresser les lecteurs sur le tracé des *Cadrans solaires*. Comme nous l'avons déjà dit ailleurs, cet ouvrage sera un *très-précieux MEMENTO* qui, à lui seul, remplacera une bibliothèque spéciale, utile au géomètre-arpenteur ou à l'amateur des intéressantes applications géométriques sur le terrain. Il paraîtra sous peu.

et dans un temps qu'on a divisé en 24 heures, si l'on conçoit sur la surface de la sphère douze cercles passant par les pôles du monde et distants entre eux de 15°, le soleil les atteindra successivement et dans des intervalles égaux : il parviendra de l'un à l'autre dans une heure de temps.

Au lieu de douze cercles, si l'on en imagine vingt-quatre, ces cercles ne seront plus éloignés entre eux que de sept degrés et demi ; il ne faudra alors au soleil qu'une demi-heure pour aller de l'un à l'autre. Ces cercles se nomment *cercles horaires* ; leurs plans sont des *plans horaires* qui vont rencontrer la surface du cadran suivant des lignes qu'on a appelées *horaires*.

Comme l'axe du cadran fait, par hypothèse, partie de l'axe du monde, tous les plans horaires se croisent dans cet axe. Le point du cadran où le style est fixé est donc un point commun à toutes ces lignes, et, afin de pouvoir les tracer, il faut pour chacune d'elles un second point si ce sont des lignes droites, comme cela arrive lorsque le cadran est construit sur une surface plane, ou plusieurs autres points si ce sont des lignes courbes, ainsi que cela a lieu quand le cadran doit être construit sur une surface de cette espèce.

On distingue plusieurs sortes de *cadrans solaires* ; le plus simple et le plus facile à tracer est le *cadran équinoxial*.

Les principaux cadrans sont les *cadrans horizontaux*, les *cadrans verticaux* (1), les *cadrans cylindriques*. Ces cadrans sont variés à l'infini, mais la manière de les tracer est toujours la même.

Avant de nous occuper des principes du tracé des principaux *cadrans solaires*, nous devons définir certains *termes* dont la connaissance est absolument nécessaire pour bien comprendre les principes dont on fait usage.

---

(1) Un cadran vertical est dit *déclinant* quand la face du mur sur lequel il est tracé ne regarde pas directement le midi, ou lorsque la méridienne ne tombe pas perpendiculairement sur cette surface du mur.

Quand la face du mur sur lequel est tracé le cadran décline pour regarder l'orient, on a un *cadran vertical déclinant du midi à l'orient*. Quand le plan du mur décline pour regarder l'occident, on a un *cadran vertical déclidant du midi à l'occident*.

Axe. — On nomme *axe* une ligne imaginaire qui passe par le centre de la terre; c'est autour de cette ligne que la terre tourne une fois en 24 heures.

Pôles. — Les *pôles* sont deux points déterminés sur la terre par chaque extrémité de l'axe. Le pôle situé au nord se nomme *pôle arctique* ou *septentrional*; le pôle situé au sud s'appelle *pôle antarctique* ou *méridional*.

Dans le ciel, il existe deux points opposés qui correspondent aux extrémités de l'axe; près du point du ciel dans la région septentrionale, il existe une étoile appelée *étoile polaire*, dont on fait un grand usage en gnomonique pour trouver midi et pour placer les cadrans.

Équateur. — L'*équateur* est une ligne imaginaire dont chaque point est à égale distance des deux pôles. Cette ligne partage le globe en deux hémisphères : l'*hémisphère septentrional* et l'*hémisphère méridional*.

L'équateur étant partagé en 24 parties de 15 degrés chacune, ces parties correspondent à une heure de temps.

Latitude. — On entend par *latitude* d'un lieu la distance qu'il y a de ce lieu à l'équateur, exprimée non pas en kilomètres, mais en degrés. Ainsi, lorsqu'on dit que Lyon est à 45° 46' de latitude, cela signifie que cette ville est éloignée de 45° 46' de l'équateur, qui est le point duquel on part pour compter les degrés de latitude.

Longitude. — La *longitude* d'un lieu est la distance qu'il y a de ce lieu au premier méridien exprimée en degrés. Ce premier méridien n'est qu'un méridien ordinaire, choisi arbitrairement et duquel on part pour compter les longitudes.

Tropiques. — Les *tropiques* sont deux petits cercles parallèles à l'équateur, ils en sont éloignés de 23° 30'; celui qui est au nord se nomme *tropique du cancer*; celui qui est au midi s'appelle *tropique du capricorne*.

Méridiens. — On nomme *méridiens* des lignes imaginaires qui font le tour de la terre en passant par les deux pôles; ces lignes coupent l'équateur à angles droits.

Quand le soleil correspond à un point de la partie du méridien comprise entre les deux pôles, il est midi en même temps pour tous ceux qui sont sur cette partie du méridien.

ÉCLIPTIQUE. — L'*écliptique* est un grand cercle qui coupe obliquement l'équateur. Les deux points opposés où l'écliptique touche les tropiques s'appellent *points solsticiaux*; il y a deux *solstices*, le solstice d'été et le solstice d'hiver. Le soleil arrive au premier solstice vers le 21 juin, et au dernier vers le 22 décembre.

ZODIAQUE. — On donne le nom de *zodiaque* à une grande bande circulaire, large de 16 degrés, qui coupe l'équateur en deux points opposés.

Le zodiaque se divise en douze parties égales de 30 degrés chacune, auxquelles on donne le nom de *signes du zodiaque*; ces parties sont divisées par l'équateur en *signes septentrionaux* et en *signes méridionaux*.

Les signes septentrionaux sont : le *Bélier*, le *Taureau*, les *Gémeaux*, l'*Écrevisse*, le *Lion* et la *Vierge*. Les signes méridionaux sont : la *Balance*, le *Scorpion*, le *Sagittaire*, le *Capricorne*, le *Verseau* et les *Poissons*.

Dans l'espace de douze mois le soleil se trouve successivement placé sous ces douze signes; il entre dans le signe du Bélier le 22 mars, puis successivement dans les autres de mois en mois.

HORIZON. — On appelle *horizon* le cercle déterminé par la rencontre du ciel avec la terre relativement à l'observateur placé à un point de la terre.

POINTS CARDINAUX. — Les *points cardinaux* sont des points particuliers à l'aide desquels on peut déterminer la position relative des différentes parties de la terre. On peut facilement les reconnaître au moment où le soleil est à sa plus grande hauteur, car, en cet instant, si on tourne le dos à cet astre, on a le *nord* en face, le *levant* à droite et le couchant à gauche.

Voici encore quelques termes particulièrement usités en *gnomonique*.

HORIZONTALE. — On donne le nom d'*horizontale* à la première ligne que l'on trace dans un cadran solaire. Cette ligne est toujours parallèle à l'horizon.

MÉRIDIENNE. — La *méridienne* est la ligne qui marque douze heures ou qui dans le cadran désigne le vrai midi; cette ligne est toujours perpendiculaire à l'horizontale dans les cadrans non déclinants.

GNOMON, STYLE, AXE. — En gnomonique on comprend sous ces trois noms une plaque de métal ayant la forme triangulaire, ou un fil de fer dont la coïncidence de l'ombre avec les lignes horaires sert à indiquer l'heure.

SOUSTYLAIRE. — On nomme *soustylaire* la ligne sur laquelle se trouve le style ou l'axe; cette ligne est toujours confondue avec la méridienne dans les cadrans horizontaux et dans les cadrans verticaux qui ne déclinent point; mais dans les cadrans déclinants, la soustylaire devient une autre ligne que la méridienne, et fait toujours un angle avec elle; ce dernier ne peut pas être plus grand que le complément de l'élévation du pôle.

On donne souvent le nom de *méridienne du plan* à la soustylaire; cette *méridienne du plan* ne doit pas être confondue avec la *méridienne du lieu*, qui marque toujours 12 heures; du reste, la soustylaire passe toujours par le centre du cadran et le pied du style : elle est la trace du méridien qui se rencontre perpendiculairement au plan.

CENTRE DU CADRAN. — On nomme *centre du cadran* un point où vont aboutir toutes les lignes horaires de même axe. Souvent le centre du cadran se trouve hors du plan.

RAYON ÉQUINOXIAL. — Le *rayon équinoxial* est une ligne droite menée de l'extrémité du style au point où la ligne équinoxiale rencontre la soustylaire.

ÉQUINOXIALE. — L'*équinoxiale* est la ligne déterminée sur le plan du cadran par la rencontre du plan de l'équateur avec celui du cadran; cette ligne est toujours perpendiculaire à la soustylaire au point où elle est coupée par le plan de l'équateur.

CERCLE DIVISEUR. — Le *cercle diviseur* se décrit avec une ouverture de compas égale au rayon équinoxial; on le divise en vingt-quatre parties égales, et son usage est de déterminer sur l'équinoxiale, au moyen des rayons prolongés, les points où les lignes horaires doivent la couper.

6

TRACÉ D'UNE MÉRIDIENNE.

On peut tracer une méridienne de plusieurs manières :
1° à l'aide de l'étoile polaire, — 2° au moyen du soleil.

1° Pour tracer une méridienne à l'aide de l'étoile polaire, on commence par planter deux jalons A, B (fig. 129) dans la direction de l'étoile polaire en m, pour la première observation. Au bout de douze heures, et pour la seconde observation, on plantera un troisième jalon en C, encore dans la direction An de l'étoile polaire arrivée en n. On prendra un point D à égale distance des deux jalons B et C, et quand l'ombre du jalon placé en A coïncidera avec le point D, dans la journée, il sera midi : la ligne tracée sur AD et prolongée à l'infini est la ligne méridienne obtenue par le premier procédé (1).

2° Au moyen du soleil, on obtient une méridienne en plantant perpendiculairement au centre de plusieurs circonférences concentriques une tige ou style AB (fig. 130) sur un plan horizontal. On marquera avant midi les points a, b, c, déterminés sur les circonférences par l'extrémité de la tige. On marquera également après midi les points a', b', c', déterminés par l'extrémité de la tige.

On joindra les points deux par deux, aa', bb', cc'. Du centre B et par le milieu des lignes aa', bb', cc', on mènera la ligne MS, qui sera la méridienne demandée.

MANIÈRE DE DÉTERMINER LA DÉCLINAISON DES PLANS VERTICAUX POUR LE TRACÉ DES CADRANS SOLAIRES.

La déclinaison peut être du midi à l'orient comme AB (*fig.* 131) ou du midi à l'occident comme CD.

Pour déterminer la déclinaison du mur AB, on commence par tracer sur le terrain ou sur une planche la méridienne du lieu. Soit mn cette méridienne; on marque sur le mur le point m.

---

(1) On peut trouver la ligne méridionale à l'aide d'une étoile fixe, pourvu qu'on fasse les deux observations à l'aide de la même étoile.

Au point *m* on élève la perpendiculaire *m*O à la méridienne *mn* : l'angle B*m*O compris entre l'arête B*m* du mur et la ligne *m*O est l'angle de déclinaison du mur, c'est-à-dire que la face du mur décline de cette ouverture vers l'orient ou qu'il s'en faut de cet angle pour que la face du mur soit tournée vers le midi.

Si le mur décline du midi à l'occident comme la face du mur CD, on déterminera l'angle de déclinaison exactement comme on l'a fait pour le mur AB ; on aura alors l'angle C*m*'O'.

Il sera facile de reporter cet angle de déclinaison au moyen de la solution du 7ᵉ problème de notre Géométrie, page 67.

TRACÉ D'UN CADRAN ÉQUINOXIAL.

Le cadran *équinoxial* n'est autre chose qu'une circonférence de cercle divisée en vingt-quatre parties égales au centre de laquelle on implante perpendiculairement un style ; ce style est un fil de fer un peu fort.

On distingue deux sortes de *cadran équinoxial* : 1° l'*équinoxial supérieur*, — 2° l'*équinoxial inférieur*. Le premier est tourné vers le midi ; l'autre regarde le nord.

1° Tracé du cadran équinoxial supérieur.—Du centre O (fig. 132), on décrit une circonférence ADBC ; on la divise en quatre parties égales, au moyen des diamètres AB, CD, perpendiculaires l'un à l'autre. On divise chaque quart de cercle en six parties égales.

On tire les lignes horaires, en partant du centre, à chaque point de division de la circonférence. Enfin, on fixe le style de la hauteur d'environ la moitié du rayon OA.

Quand on veut obtenir les demi-heures, on partage chaque division en deux parties égales.

Pour poser convenablement le cadran, on détermine sur le terrain horizontal la méridienne SN du lieu (*fig.* 133) ; on place le cadran AB de manière que son style *mn* se trouve parallèle à l'axe du globe, ce que l'on obtient en inclinant ce cadran AB sur la méridienne SN d'une quantité SBA égale à l'angle du complément du pôle.

Ainsi, l'angle *m*CB, hauteur du pôle, étant de 57 degrés, on aura 90—57 ou 33 degrés pour l'angle complément ABS de l'inclinaison du cadran.

Ayant obtenu l'inclinaison convenable, on ramène la ligne méridienne du cadran dans la direction de la ligne méridienne du terrain, de manière que l'extrémité Sud ou XII de la méridienne du cadran soit en B vers le nord de la méridienne du terrain. Un fil à plomb permet de faire correspondre le point A de la méridienne du cadran avec un point de la méridienne du terrain.

La position que doit prendre le cadran dont nous parlons, ne permet de recevoir les rayons du soleil sur le plan supérieur (ou face qui regarde le ciel) que pendant les six mois d'été, d'un équinoxe à l'autre, depuis le lever du soleil jusqu'à son coucher.

2° TRACÉ DU CADRAN ÉQUINOXIAL INFÉRIEUR. — Quand on veut avoir l'heure pendant toute l'année, il faut nécessairement faire la même division sur le plan inférieur ou face qui regarde la terre ; on agit exactement de la même manière que pour tracer le cadran qui précède, mais on retranche les heures qui sont avant six heures du matin et celles qui suivent six heures du soir, parce que l'équinoxial inférieur ne marque que depuis l'équinoxe de septembre jusqu'à celui de mars, où le soleil ne se lève jamais avant six heures du matin et ne se couche jamais après six heures du soir.

Les 22 mars et 22 septembre, les deux plans, supérieur et inférieur, donnent l'heure en même temps, parce qu'à cette époque le soleil se trouvant sur l'équateur, les éclaire faiblement l'un et l'autre. L'extrémité m du style représente le pôle nord, et l'extrémité n représente le pôle sud.

TRACÉ D'UN CADRAN OCCIDENTAL.

Le cadran occidental est celui qui est directement opposé à l'occident ; il est tracé sur le plan du méridien du lieu.

Pour tracer un cadran occidental, on commence par tirer la ligne MN (*fig.* 134) parallèlement à l'horizon, c'est-à-dire de niveau ; on considère cette ligne comme l'horizontale du cadran.

Sur la ligne MN on prend un point P que l'on considère comme le pied du style ; au moyen de ce point P et de la ligne horizontale, on construit l'angle de complément du pôle de l'endroit où l'on opère ; on mène la ligne PB, ce qui donne l'angle BPN. On prolonge BP de P en A, ce qui donne la ligne équinoxiale AB.

Du point P, avec la ligne horizontale MN, on construit l'angle APC égal à la hauteur du pôle, puis on prolonge la ligne CP de P en D, et l'on a la soustylaire CD et en même temps la ligne de 6 heures.

Sur la soustylaire CD on prend un point D que l'on considère comme le centre de la circonférence que l'on trace autour de ce point. On divise la circonférence en vingt-quatre parties égales en partant du point P ; puis on trace les rayons sur les divisions de la circonférence en les prolongeant jusqu'à la rencontre de la ligne équinoxiale : on a alors D1, D2, D3, D4, D5, D6, D7, D8, pour les points horaires sur la ligne équinoxiale. En menant sur chaque division de cette ligne équinoxiale des lignes parallèles à la ligne soustylaire CD, on obtiendra les lignes horaires.

Les lignes parallèles inférieures à la soustylaire CD marquent 1, 2, 3, 4 et 5 heures ; celles qui sont supérieures à la soustylaire expriment 7, 8, 9 heures.

L'axe du cadran occidental doit être placé parallèlement au plan du cadran, parce que ce plan étant celui du méridien, l'axe du monde lui est nécessairement parallèle, et même l'axe de ce cadran doit être parallèle à la soustylaire et à toutes les lignes horaires, parce que toutes ces lignes sont les communes sections du méridien et des cercles horaires qui renferment chacun l'axe du monde dans leur plan.

L'axe étant dans le plan du cercle de 6 heures, cet axe doit être perpendiculaire au plan du cadran, et former la soustylaire : cet axe doit être de la hauteur du rayon équinoxial, c'est-à-dire de la longueur PD. Cette aiguille doit être placée sur la ligne CD et doit être de la même hauteur que les longueurs du rayon avec lequel on a tracé le cercle diviseur.

TRACÉ D'UN CADRAN ORIENTAL.

De même que le *cadran occidental* est opposé directement à l'occident et tracé sur le plan du méridien du lieu, le *cadran oriental* est directement opposé à l'orient et tracé sur le plan du méridien du lieu.

La fig. 135 représente un *cadran oriental*, il se trace exactement comme le *cadran occidental*, avec cette seule différence que la position est renversée et que les heures y sont désignées par des nombres qui marqueront le temps d'avant midi, attendu que le soleil commence à disparaître de devant le plan du cadran à l'heure de midi précis.

TRACÉ D'UN CADRAN HORIZONTAL.

On commence par examiner si la surface qui doit recevoir le tracé du cadran est parfaitement plane, ce qu'on peut voir à l'aide d'une règle parfaitement droite. On mène l'horizontale AB (*fig.* 136), et au milieu C de AB on mène la perpendiculaire CD : cette ligne est la méridienne du cadran. Au point C on fait l'angle DCE égal à l'élévation du pôle de l'endroit de l'opération, et au point P pris à volonté sur CE, on mène la perpendiculaire PS qui rencontre la méridienne en un point S. Par ce point S on mène l'équinoxiale MN perpendiculaire à CD considérée ici comme soustylaire. A partir du point S sur CD, on porte une longueur SO = SP, et avec OS pour rayon on décrit la demi-circonférence RST appuyée sur un diamètre RT parallèle à l'équinoxiale MN. On divise la demi-circonférence RST en douze parties égales qui ont naturellement 15° chacune (1), et par les points de division ainsi trouvés en partant du centre O,

---

(1) Il existe un moyen bien simple pour diviser à l'aide du compas, sans tâtonnement, la demi-circonférence RST en douze parties égales. Voici en quoi il consiste : On prend avec le compas une ouverture égale en longueur au rayon SO, et l'on porte cette longueur de S en 4 et de T en 2 : l'arc ST se trouve d'abord divisé en trois parties égales ; en subdivisant chaque partie en deux on a alors six parties égales pour

on mène des rayons qu'on prolongera jusqu'à la rencontre de l'équinoxiale.

Par les points de rencontre déterminés sur l'équinoxiale et du point C, on mène des droites qui sont les lignes horaires du cadran, tracées d'heure en heure. Les heures du soir sont à gauche, et celles du matin sont à droite de la méridienne pour la personne qui a la face tournée vers le midi.

Quand on veut obtenir sur le cadran les lignes horaires des demi-heures, il faut diviser les petits arcs du cercle diviseur en deux parties égales, et mener par ces nouveaux points de division des lignes dont l'intersection avec l'équinoxiale donne les points qui avec le point C peuvent déterminer sur le cadran les points des demi-heures. En subdivisant encore on trouve les points des quarts d'heure.

REMARQUE. — Comme l'axe ou le style des cadrans tracés comme nous venons de l'indiquer doit être une plaque mince triangulaire dont la solidité laisse à désirer, on emploie le plus souvent une plaque de 3 ou 4 millimètres d'épaisseur (*fig.* 137); dans ce cas le cercle diviseur se trouve rompu et a deux centres m, n, et pour tracer les heures on part des centres m' et n' respectivement pour la partie gauche et la partie droite du cadran.

Pour placer convenablement le cadran dont nous venons de parler, on détermine sur le terrain où doit être placé l'instrument, une ligne méridienne que l'on fait coïncider avec la ligne méridienne du cadran en plaçant le point C vers le point sud de la terre et le point D vers le nord.

TRACÉ D'UN CADRAN VERTICAL.

On nomme *cadran vertical* ceux qui sont tracés sur des plans perpendiculaires à l'horizon : telles sont les surfaces des murs, des façades, etc.

---

l'arc ST. On opère de la même manière sur RS, et l'on a enfin divisé l'arc RST en douze parties égales.

Ce procédé est fondé sur ce que l'on peut porter le rayon d'une circonférence quelconque six fois exactement sur cette circonférence.

Lorsque les cadrans verticaux ne déclinent pas, on emploie pour les tracer une méthode qui diffère très-peu de celle qui précède pour le tracé du cadran horizontal ; ce qui peut embarrasser l'opérateur, c'est de prendre l'élévation du pôle sur le plan vertical ; avec un peu d'attention on ne tarde pas à reconnaître que l'angle formé par le style avec le plan vertical est égal au complément de l'angle déterminé par le style sur le plan vertical : en effet, si l'on représente l'horizon par AB (*fig.* 138) et le plan vertical par la ligne perpendiculaire CB, l'angle BAC est l'angle de l'élévation du pôle sur l'horizon ou celui qui est déterminé par le style sur le plan horizontal du lieu, et ACB est aussi l'angle de l'élévation du pôle sur le plan vertical. L'angle en B étant droit dans le triangle ABC, l'angle C est nécessairement le complément de l'angle A (*Géom.*, page 84, *Corell.* 4), donc l'angle de l'élévation du pôle sur le plan vertical méridional est égal au complément de l'élévation du pôle, et par conséquent au complément de la latitude.

Maintenant, supposons connue la valeur de l'angle du gnomon, on trace le cadran en tirant la ligne horizontal MN (*fig.* 139) ; en un point P milieu environ de MN, ou même en un point quelconque, on mène la ligne verticale PA ; au point P on fait l'angle APB égal au complément de la latitude du lieu. Du point C pris arbitrairement sur la ligne PB on mène la perpendiculaire CD, qui rencontre la méridienne PA en un point D. Par le point D on mène l'équinoxiale RS perpendiculaire à PA, et avec une ouverture de compas on prend la longueur CD, que l'on reporte de D en O, et avec OD pour rayon on décrit la demi-circonférence TDV, que l'on divise en douze parties égales. Par les points de division obtenus en partant du centre O, on mène des rayons que l'on prolonge jusqu'à la rencontre de l'équinoxiale RS. Par les points de division déterminés sur l'équinoxiale et du point P on mène des droites qui déterminent les points des heures comme dans le cadran horizontal. On peut obtenir les lignes des demi-heures comme nous l'avons indiqué précédemment pour le *cadran horizontal.*

TRACÉ D'UN CADRAN VERTICAL

DÉCLINANT DU MIDI A L'OCCIDENT.

Nous avons vu qu'un *cadran vertical déclinant du midi à l'orient* signifie un cadran dont la face, au lieu d'être positivement tournée vers midi (pour que la méridienne du lieu lui soit perpendiculaire) se décline pour regarder l'occident.

On commence d'abord par déterminer exactement la déclinaison du mur. D'après le procédé que nous avons indiqué précédemment; cette détermination est de toute nécessité pour obtenir un cadran qui marque exactement l'heure.

Supposons que la déclinaison trouvée soit égale à 33°, et que la hauteur du pôle soit de 48°.

On trace la ligne verticale méridienne AB (*fig.* 140) environ dans le milieu de la largueur du cadran, et si la déclinaison est supérieure à 18°, on trace cette ligne pour qu'elle soit plus à gauche du cadran qu'à droite.

On tire la ligne horizontale CD perpendiculaire à la ligne AB, à un tiers environ vers le haut du cadran. Du point P, déterminé par la rencontre des deux lignes tracées, et avec la ligne AB, on construit un angle BPR de déclinaison égal à 33°; cet angle est placé au levant de la ligne méridienne, puisque le plan décline du midi au couchant.

Sur la ligne PR on prend un point E au milieu environ du cadran; on mène FG parallèlement à la méridienne AB : cette ligne coupe la ligne horizontale CD au point H qui correspond au pied du style.

Du point P pris sur la méridienne, on porte la distance PE, de P en I, et sur la ligne horizontale CD on construit au point I un angle PIK de 48°, égal à l'élévation du pôle; on tire la ligne IK jusqu'à la rencontre de la méridienne au point K, qui est le centre du cadran.

Du point K ou tire la ligne KL passant sur le point H; cette ligne est la soustylaire. Du point H on élève sur la soustylaire KL la perpendiculaire HM, et l'on prend la longueur EH que l'on porte sur HM de H en S, ce qui donne la hauteur du style droit HS. Si l'on mène la ligne KS, on aura le style ou axe du cadran.

Sur la ligne KS au point S on élève la perpendiculaire ST qui coupe la ligne soustylaire KL au point T, et ST est égale à la longueur du rayon équinoxial. Au point T on élève, sur la soustylaire KL, la perpendiculaire VX, qui est la ligne équinoxiale; cette ligne coupe la ligne horizontale CD au point O, qui est le point de 6 heures. Cette ligne VX coupe également la ligne méridienne AB au point Z pour déterminer le point de 12 heures.

On prend la longueur du rayon équinoxial ST, et l'on porte cette longueur sur la ligne soustylaire KL de T en J : le point J est le centre du cercle diviseur. Du point J, avec un rayon égal à JT on décrit une circonférence; on mène la ligne JO, qui coupe la circonférence au point Q, et la ligne JZ, qui coupe la circonférence au point Q' : on obtient un arc Q'TQ, qui est le quart du cercle et qui égale 6 heures. En divisant toute la circonférence en vingt-quatre parties égales en partant du point Q ou Q', on aura sur cette circonférence les points de division par lesquels menant des lignes du centre J et les prolongeant jusqu'à l'équinoxiale, on déterminera sur cette dernière de nouveaux points au moyen desquels menant des lignes à partir du centre K on trouvera les points horaires IX heures, X heures, I heure, etc. On peut voir que les heures du matin sont écrites du côté du couchant ou à gauche de la méridienne.

Pour placer convenablement le style, on élèvera perpendiculairement sur la soustylaire KL une tige de fer HS, et par l'extrémité S on fera passer la tige de fer KS qui doit marquer les heures par l'ombre qu'elle projettera sur le plan du cadran.

On peut facilement comprendre que toutes les lignes autres que celles des heures doivent être effacées quand on a déterminé le point des heures.

Nous avons vu comment on peut déterminer le point des heures par le partage des arcs en deux parties égales du cercle diviseur.

Le cadran vertical déclinant du midi à l'orient est celui dont la face se décline pour regarder l'orient.

TRACÉ D'UN CADRAN VERTICAL

DÉCLINANT DU MIDI A L'ORIENT.

Pour tracer ce cadran, on suit exactement le même procédé que pour tracer le cadran qui précède; on a seulement soin que l'angle de déclinaison soit placé à l'occident de la ligne méridienne verticale, attendu que le plan décline du midi à l'orient. La figure 141 représente un cadran déclinant du midi à l'orient; on voit que les lignes sont tracées symétriquement à celles du cadran dont nous venons de nous occuper.

TRACÉ D'UN CADRAN A CANON.

Le *cadran à canon* n'est autre chose qu'un cadran horizontal méridional sur le bord duquel on place un petit canon qui détonne à midi, c'est-à-dire lorsque l'ombre du gnomon couvre la ligne méridienne.

La fig. 142 représente un *cadran à canon*. Une lentille A est supportée par deux montants en cuivre d'une hauteur égale à la longueur du foyer de la lentille ; un petit canon B est placé sur la méridienne du cadran, et l'on règle la position de la lentille pour que le point lumineux du foyer tombe juste à midi sur la petite ouverture où est placée la poudre. Comme le soleil s'élève de plus en plus au-dessus de l'équateur, à partir du 22 décembre au 21 juin, il s'ensuit que, pour que le point lumineux de la lentille tombe sur la lumière du canon à midi, il faut élever de plus en plus cette lentille.

Le soleil s'abaissant de plus en plus vers l'équateur à partir du 21 juin au 22 décembre, on devra abaisser la lentille pour que le point lumineux à midi tombe sur la lumière du canon.

Pour régler convenablement la position de la lentille, on adapte au pied de chaque support un quart de cercle; on grave les divisions ascendantes (22 décembre au 22 juin) sur l'un, et les divisions descendantes (21 juin au 22 décembre) sur l'autre. On fait une petite rainure sur la lumière, d'un centimètre environ de longueur; cette rainure peut recevoir tous les jours, pendant un demi-mois, le point lumineux du foyer de la lentille, lorsque cette dernière est dans une position déterminée. Si l'on met de la poudre dans la rainure, la détonation aura lieu régulièrement tous les jours. On voit donc qu'il faut régler la position de la lentille tous les quinze jours, pour qu'il n'y ait pas d'interruption, et afin de suivre le soleil dans la course qu'il paraît faire sur l'écliptique pendant toute l'année.

Nous indiquerons ailleurs la manière de trouver les divisions gravées sur le quart de cercle.

CADRANS INCLINÉS.

On nomme *cadrans inclinés* les cadrans que l'on trace sur des plans qui ne sont ni horizontaux ni verticaux ; tels sont ceux que l'on trace ordinairement sur le toit des bâtiments.

Les plans inclinés sont susceptibles d'une infinité de positions ; un plan incliné peut regarder ou le sud, ou le nord, ou l'orient, ou enfin l'occident.

Quand le plan regarde le sud, on mesure l'inclinaison avec un quart de cercle gradué ; on ôte la déclinaison de la latitude du lieu : la différence fait connaître l'élévation du pôle sur le plan. Pour terminer le tracé on suit exactement le procédé indiqué par le cadran horizontal.

Nous ne pouvons pas, dans ce précis, indiquer la marche à suivre pour le tracé des cadrans sur un plan incliné regardant le nord, l'orient ou l'occident, ni parler du cas le plus compliqué de la gnomonique, c'est-à-dire du tracé des *cadrans inclinés déclinants* ; nous renvoyons nos lecteurs à notre Répertoire général du Géomètre-Arpenteur.

INSCRIPTIONS DES CADRANS SOLAIRES.

Les *inscriptions* des cadrans solaires sont créées suivant le caprice de ceux qui tracent ces derniers ; le plus souvent elles ont une signification relative aux cadrans sur lesquels elles sont placées. Il y en a de latines et de françaises. Voici quelques-unes des inscriptions que nous avons remarquées sur certains cadrans :

CADRAN HORIZONTAL. — Tout au travail, peu aux amusements.

— VERTICAL. — Elles nous échappent, mais elles existent pour notre compte.

— POLAIRE SUPÉRIEUR. — La vie passe comme l'ombre.

— VERTICAL DÉCLINANT. — L'emploi de l'heure qui suit, doit être guidé par celui de l'heure qui précède.

— Avant de regarder si je suis juste, regarde si tu l'es toi-même.

— OCCIDENTAL. — L'une peut donner ce que l'autre refuse.

— ORIENTAL. — Acceptez ce que cette heure vous offre.

— INCLINÉ A L'HORIZON. — Le temps est long dans la peine, il est court dans la joie.

Enfin on peut encore choisir pour un cadran l'une des inscriptions qui suivent :

Le ciel est ma règle.

N'en perds aucune.

INSCRIPTIONS LATINES.

Nulla fluat cujus non meminisse juvet (1).

Veniet ultima (2).

Ultimam cogita (3).

Præcipites validis, tardæ languentibus horæ (4).

REMARQUE. — Pour terminer ce chapitre, nous allons donner une table indiquant les latitudes ou hauteurs du pôle des principales villes de France et de l'étranger. Les nombres que nous donnons sont extraits de l'ouvrage intitulé CONNAISSANCES DES TEMPS (année 1857), et publié par le Bureau des Longitudes.

---

(1) Qu'il ne s'en écoule aucune dont il ne me plaise de me souvenir.

(2) La dernière heure viendra.

(3) Pensez à la dernière.

(4) Les heures s'écoulent vite pour ceux qui se portent bien, et lentement pour les malades.

TABLE

INDIQUANT LES LATITUDES OU HAUTEURS DU POLE

DES PRINCIPALES VILLES DE FRANCE ET DE L'ÉTRANGER.

REMARQUE. — Nous ne donnons pas, dans ce tableau, la valeur de l'angle complémentaire de celui de la hauteur du pôle, car nous avons déjà indiqué que cette valeur s'obtient en retranchant de 90 degrés la valeur de l'angle de la hauteur du pôle.

VILLES.	LATITUDES OU hauteur du pôle			VILLES.	LATITUDES OU hauteur du pôle		
ABBEVILLE....	50°	7′	5″	CALAIS........	50°	57′	33″
AGEN	44°	12′	27″	CAMBRAI......	50°	10′	39″
AIX..........	43°	31′	55″	CARCASSONNE.	43°	12′	55″
ALBY	43°	55′	44″	CASTRES......	43°	36′	16″
ALENÇON	48°	25′	49″	CHALONS-s-Mar.	48°	57′	22″
ALGER........	36°	47′	20″	CHALON-s-Saôn	46°	46′	51″
AMIENS	49°	55′	43″	CHARTRES	48°	26′	53″
ANGERS.......	47°	28′	17″	CHERBOURG ..	49°	38′	34″
ANGOULÊME ..	45°	39′	0″	CLERMONT ...	49°	22′	49″
ARLES	43°	40′	40″	COUTANCES...	49°	2′	54″
ARRAS........	50°	17′	31″	DIEPPE.	49°	55′	35″
AUCH........	43°	38′	50″	DIJON........	47°	19′	19″
AURILLAC	44°	55′	41″	DOLE (Bretagne)	47°	5′	53″
AUTUN.	46°	56′	43″	DUNKERQUE ..	51°	2′	12″
AUXERRE.	47°	47′	54″	ÉVREUX........	49°	1′	30″
AVIGNON......	43°	57′	13″	GRANVILLE....	48°	50′	7″
AVRANCHES...	48°	41′	6″	GRENOBLE....	45°	11′	12″
BAYEUX.......	49°	16′	35″	LA FLÈCHE....	47°	42′	4″
BAYONNE	43°	29′	29″	LAON	49°	33′	54″
BEAUVAIS.....	49°	26′	0″	LILLE (Flandre).	50°	38′	44″
BESANÇON	47°	13′	46″	LIMOGES......	45°	49′	52″
BÉZIERS......	43°	20′	31″	LISIEUX.......	49°	8′	50″
BLOIS........	47°	35′	21″	LUÇON.	46°	27′	18″
BORDEAUX....	44°	50′	19″	LYON	45°	45′	44″
BOULOGNE-s-Mr	50°	44′	32″	MACON........	46°	18′	24″
BOURGES......	47°	4′	59″	MARSEILLE ...	43°	17′	52″
BREST	48°	23′	32″	MAYENNE.....	48°	18′	17″
CAEN	49°	11′	14″	MEAUX........	48°	57′	39″
CAHORS........	44°	26′	52″	MENDE........	44°	31′	4″

VILLES.	LATITUDES OU hauteur du pôle			VILLES.	LATITUDES OU hauteur du pôle		
METZ	49°	7′	14″	ROMORENTIN	47°	21′	26″
MONTPELLIER	43°	36′	44″	ROUEN	49°	26′	29″
MOULINS	46°	33′	59″	SAINTES	45°	44′	40″
NANCY	48°	41′	31″	SAINT-BRIEUC	48°	31′	1″
NANTES	47°	13′	8″	SAINT-MALO	48°	39′	0″
NEVERS	46°	59′	15″	SAINT-OMER	50°	44′	53″
NIMES	43°	50′	36″	SENLIS	49°	12′	27″
NOYONS	44°	21′	40″	SENS	48°	11′	54″
ORLÉANS	47°	54′	9″	SOISSONS	49°	22′	53″
PAMIERS	43°	6′	53″	STRASBOURG	48°	34′	57″
PARIS	48°	50′	13″	TARBES	43°	13′	58″
PAU	43°	17′	44″	TOUL	48°	40′	32″
PÉRIGUEUX	45°	11′	4″	TOULON	43°	7′	20″
PERPIGNAN	42°	41′	55″	TOULOUSE	43°	36′	33″
POITIERS	46°	34′	55″	TOURS	47°	23′	47″
QUIMPER	47°	59′	47″	TROYES	48°	18′	3″
REIMS	49°	15′	15″	VANNES	47°	39′	31″
RENNES	48°	6′	55″	VERDUN	49°	9′	31″
RHODEZ	44°	21′	5″	VERSAILLES	48°	47′	56″

VILLES ÉTRANGÈRES

VILLES.	LATITUDES OU hauteur du pôle			VILLES.	LATITUDES OU hauteur du pôle		
ALEXANDRIE	31°	12′	53″	CRACOVIE	50°	3′	50″
AMSTERDAM	52°	22′	30″	DANTZIG	54°	21′	4″
ANCONE	43°	37′	42″	EDIMBOURG	55°	57′	23″
ANVERS	51°	13′	14″	FLORENCE	43°	46′	41″
ARKHANGEL	64°	32′	8″	GAND	51°	3′	12″
BARCELONE	41°	21′	44″	GÊNES	44°	24′	18″
BERLIN	52°	31′	13″	GENÈVE	46°	11′	59″
BRUXELLES	50°	50′	56″	JÉRUSALEM	31°	47′	47″
BUENOS-AYRES	34°	36′	18″	LISBONNE	38°	42′	24″
CADIX	36°	32′	0″	LONDRES	51°	30′	49″
CARTHAGÈNE	37°	35′	40″	MADRID	40°	24′	57″
CAYENNE	4°	56′	28″	MALTE	35°	53′	50″
CHANDERNAGOR	22°	51′	26″	MILAN	45°	28′	1″
CIVITA-VECCHIA	42°	5′	25″	MONS	50°	27′	10″
COLOGNE	50°	56′	29″	MOSCOU	55°	45′	21″
CONSTANTINOPLE	41°	0′	16″	PÉKIN	39°	54′	3″
COPENHAGUE	55°	40′	53″	St-PÉTERSBOURG	59°	56′	30″

TABLE

DES ARTICLES CONTENUS DANS CET OUVRAGE.

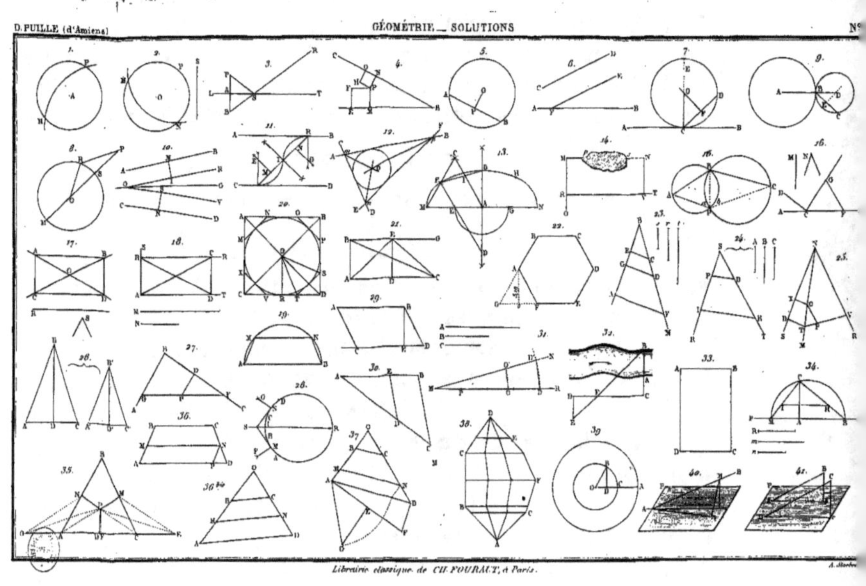

D. PUILLE (d'Amiens)

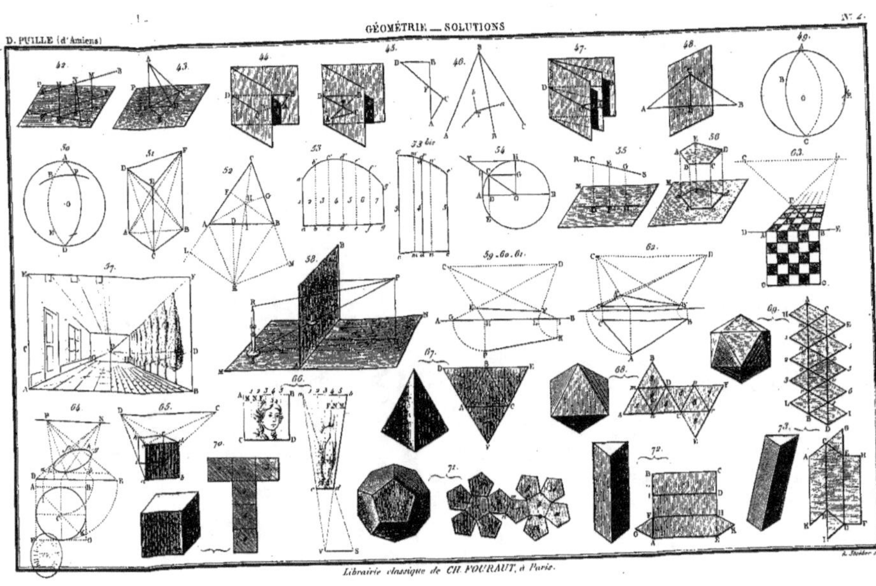

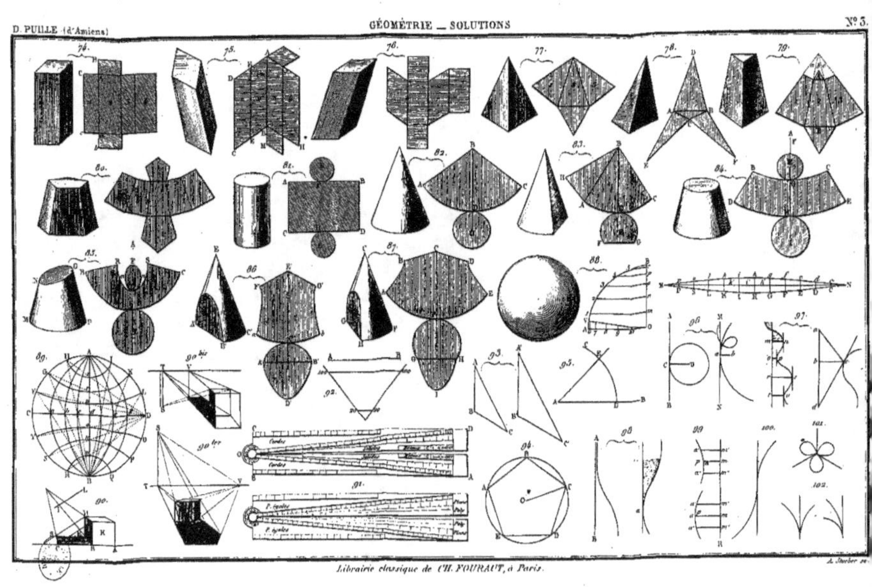

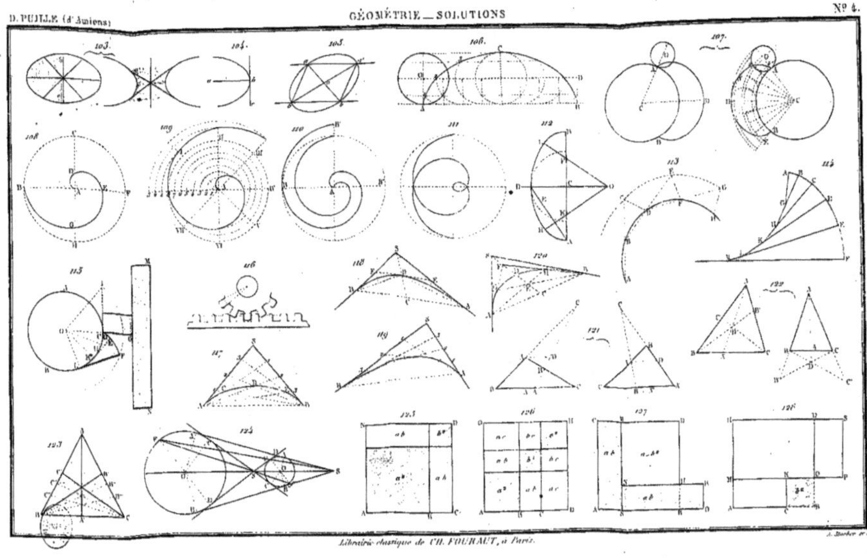

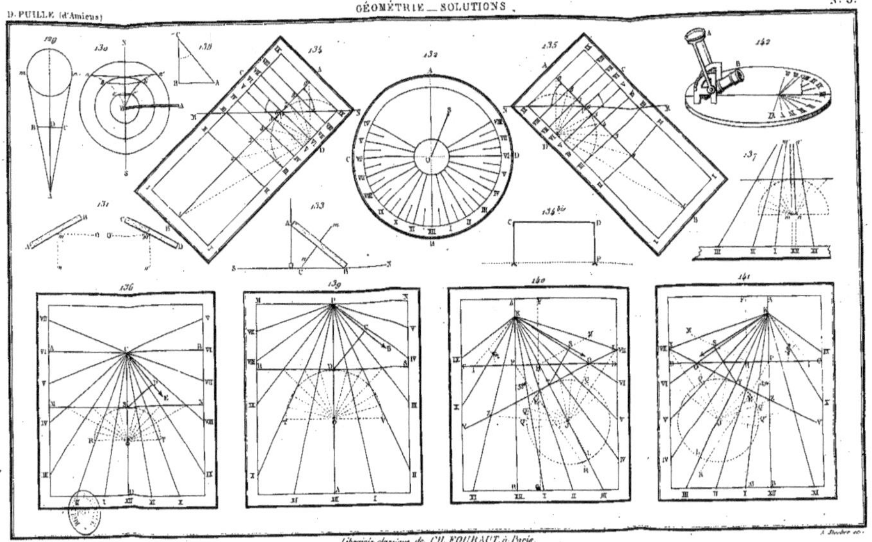